中产家庭理财清单

[美]乔纳森·D.庞德（Jonathan D.Pond） 著　雷静 译

Grow Your Money

101 Easy Tips to Plan, Save and Invest

中信出版集团｜北京

图书在版编目（CIP）数据

中产家庭理财清单 /（美）乔纳森·D.庞德著；雷静译 . -- 北京：中信出版社，2022.5（2024.9 重印）
书名原文：Grow Your Money! 101 Easy Tips to Plan，Save，and Invest
ISBN 978-7-5217-4027-1

Ⅰ . ①中… Ⅱ . ①乔… ②雷… Ⅲ . ①家庭管理－财务管理－基本知识 Ⅳ . ① TS976.15

中国版本图书馆 CIP 数据核字（2022）第 035719 号

中产家庭理财清单

著者： [美]乔纳森·D.庞德
译者： 雷静
出版发行：中信出版集团股份有限公司
（北京市朝阳区东三环北路 27 号嘉铭中心　邮编　100020）
承印者： 北京通州皇家印刷厂

开本：787mm×1092mm　1/16　　印张：17.25　　字数：200 千字
版次：2022 年 5 月第 1 版　　印次：2024 年 9 月第 4 次印刷
京权图字：01-2008-2371　　书号：ISBN 978-7-5217-4027-1
定价：65.00 元

通过向你提供非常有用的清单，本书会帮助你认真对待理财梦想，以便你能：

- 改善你在应对投资和其他重要的理财事项上的不足之处。
- 在现在和将来都可以帮助你最大限度地利用资金。很多妙招会让你感到惊奇，因为它们突破了传统智慧。

本书包括我最受用的 86 个理财清单，以及一些额外的理财提示。本书着眼于最重要的主题——一个对你的个人理财至关重要的主题，而不是通过提及理财生涯的每一个领域而让你感到有负担。

保证财务安全需要注意一大堆理财事项，从靠薪酬生活到明智地进行储蓄和投资，从控制债务到分散投资风险来规避理财挫折。我们大部分人的专长局限于某个领域，然而，实现并保持财务安全需要你留心很多不同的领域。毕竟，如果由于投保范围不足而冒着失去投资资金的风险，那么建立高额的投资组合又有什么用呢？

小小的疏忽可能造成长期影响。认真对待理财的每个方面就是确保你已经考虑了一些重要的事项，避免让自己陷入那些需要很长时间才能解决的问题当中。

- 追逐热门股票以及忽略投资多样化，使得很多投资者在熊市失去了大部分资金。

- 很晚才开始为退休生活储蓄，使得很多人不得不推迟退休时间，或设定一个较低的退休生活标准。
- 对很多人来说，信用卡负债和其他贷款极大地影响了他们在几年内，甚至是几十年内为养老金计划供款的能力。

有些事你已经做得很不错了，并不代表你不能做得更好。满足感对抚慰心灵很有帮助，但是可能对你的钱包就不利了。

- 你投保了很多险种，但是没意识到你可以节省 1 000 美元甚至更多的保险费。
- 去年你的股票投资增长了 8%，对此你很高兴，但是当同期市场指数增长了 14% 时你还那么开心吗？
- 在过去几年中你的投资一直很成功，但是一旦股票市场直线下跌，你的投资只能等待灾难出现。
- 你在减少大量债务方面正在取得进展，但是你没有意识到债务减少策略上的一些细微改变，可以帮助你缩短还清贷款的年限。

实际上，本书是对所有年龄段的人士都适用的指南，会帮助你在实现财务自由梦想的道路上不断前进。不管你是 22 岁还是 92 岁，或者处在两者之间，不管你是单身、已婚，还是有了孩子，本书都会帮你在理财生涯中改善不佳的收益状况，并提出建议来帮助你最大限度地利用资金。不管媒体让你相信了哪些事情，本书都能让你实现内心的安逸镇定。

本书对那些具有重大理财责任的人士也同样适用，要实现财富梦想，最简单的方法就是避免承担任何可能不利于理财的责任。但是，即使你一时头脑发热，忽略了你的行动所隐含的财务意义，比如：

- 养了一只宠物。
- 结婚。
- 有了孩子。

你还是可以获得并维持财务自由。毕竟，尽管你的父母要抚养你，也许你还有兄弟姐妹，他们很有可能在理财上也做得很好。不管怎么样，生活总是能维持相对平衡。以下是本书的内容提要。

第 1 章——财富。不管你的年龄多大、财务状况如何，你绝对可以拥有光明的理财前景，只要你认真对待理财这件事。这并不需要很长时间，如果你能采取措施改正缺点，在已经得到控制的领域做得更好，那么你将能以信心和热情迎接未来。

第 2 章——职业。你的职业生涯到现在为止是你最重要的投资。你充分利用了现在的工作吗？你应该转向更有前途的工作或者继续深造吗？至少你应该确信你的事业正在实现收入最大化。

第 3 章——致富。改变你的财务状况并不如你所想的那么难，但也没有广告宣传所竭力证明的那么简单。积累真正的财富需要你认真对待，并掌握保障财务安全的一些技巧。

第 4 章——债务。你很有可能认为有债务是件糟糕的事，毕竟，清偿债务比积累债务要困难得多。但是，如果明智利用债务，它也可以成为增加你人生财富的重要工具。

第 5 章——储蓄。你存储资金的方式有很多种。做出正确的选择可以让你拥有光明的理财前景。

第 6 章——投资。投资不必复杂化，通过坚持一些重要的想法，就可以让你的资金为你服务，在各种市场条件下都能取得显著效果。即使你刚开始投资，这些技巧也能起到作用。

第 7 章——投资进阶。如果你想利用操作简单的策略来提高你的投资回报，只需稍稍留意你的投资，就可以获得更丰厚的回报。更好的投资回报可以让你的收入翻倍。

第 8 章——买房。对大部分人来说，购买房产是长期理财成功的重要组成部分。不管你已经是房主还是即将购买一套房子，你将会在这一章中学到如何最大限度地利用你一生中最大的投资。

第 9 章——消费。没有什么可以像大学学费、汽车和其他高价物品那样扰乱理财计划——哪怕是最详尽的理财计划。但是，应对这些不可避免的费用也有很多方法，不需要你额外工作 10 年来付清这些费用。

第 10 章——个人税务。在所得税中节省一块钱，你就可以更好地利用这一块钱，除非你认为政府可以把它用得更好。这一章中提供的很多建议会帮助你每年节省不少税款。

第 11 章——保险。在人的一生中，我们需要定期处理一些难题，但是，充足的准备工作可以改善它们带来的影响。这一章会告诉你如何保护现在拥有的财产，而不危及将来积累的财富。

第 12 章——家庭理财。经营一个家庭就像治理一个小国家，而且都需要花钱。有时，在应对挑战时寻求专业的（财务上的，也许还有精神上的）帮助是有益的。帮助家庭成员负起理财责任可以在将来收获回报，比如不用在你年老体衰时继续资助他们。

第 13 章——退休规划。完善的理财计划不会在退休时就结束。事实上，为美好的退休生活制订计划是你在工作期间和退休年限中应该做的事。不管你是在工作还是已经退休，这一章都会提供重要建议，使你的退休生活尽可能精彩。

第 14 章——从今天开始享受美好生活。实现理财抱负的过程不需要你在某段时期过清苦的生活。毕竟，你为了赚钱努力工作，就应该有所享受。在为美好理财前景做准备时，这一章中的妙招会让你在享受生活的同时，尽可能地避免理财麻烦。

本书附有很多箴言，既生动有趣又发人深省，很多箴言来源于几十年前甚至几世纪前。比如：

> 如果一个男人死了，而他的房产处于不确定状态，那么律师就成了他的继承人。
>
> ——埃德加·沃森·豪（Edgar Watson Howe）

我使用这句引言，绝无蔑视女性的意图。作为一个五口之家中的唯一男性，我可以向你保证，对女性的任何侮辱，在我家都会受到严厉警告和抗议。

01 财富

该仔细考虑如何实现你的财富梦想了。咨询理财顾问的话，也许使你感到自己对赚钱一无所知，但其实整个过程并不复杂。不过，不管你年纪多大、资产状况如何，为了实现财务自由，你都必须遵循一些原则来改善你的财务状况。首先要想一想，目前你需要通过你的资金获得什么，更重要的是，将来会获得什么。这就需要你仔细斟酌并且妥善地做出决定，比如你必须做出选择，是满足眼前需求、随意消费，还是为长期投资做准备，满足一些更昂贵的消费需求。由于复合式投资增长（compound investment growth）的神奇之处，用更多的时间来实现理财目标是一大进步。不管你多大年纪，如果能花点时间关注你的理财生涯，不断做出明智的决定，那么你的财务自由梦想都会成真。

制定你的理财规划

　　在接触到理财规划的核心之前，你需要花片刻工夫考虑一下你需要通过资金获得什么。对于大多数正在工作的人来说，攒到足够的钱，让自己退休后过上舒适的生活，自然就是他们的目标了。每一个人都必须考虑退休以后的生活，即使你现在还年轻，退休还是很久以后的事情。然而，你的财富梦想很有可能并不只是局限在退休以后的生活。也许你非常渴望得到一些马上就能拥有的东西，比如买辆私家车或者出去度假，或者你还希望能够购买房产或供孩子上学。如果你退休了，毫无疑问，你会想着是否有足够的收入能让自己过上惬意的生活，同时还能够自如地应对通货膨胀。虽然我想鼓励你考虑一下其他方面的投资，可你也许还想着要攒足够的钱当作遗产传给下一代呢。你的孩子当然会同意你的做法。

这里有两条建议，可以供你制定自己的理财规划。

> ≋ 在下面的表格里，写下你能想到的所有理财目标，并考虑你的另一半的意见。当然，希望你们对这些目标能达成一致意见。如果没能做到这一点，后文"通过理财收获幸福并不是遥不可及的梦想"一节会解释原因，并且给予你们一些安慰。

必要	重要	非必要	理财目标
☐	☐	☐	_____
☐	☐	☐	_____
☐	☐	☐	_____
☐	☐	☐	_____
☐	☐	☐	_____
☐	☐	☐	_____
☐	☐	☐	_____

> ≋ 有一些目标相对而言肯定比其他的更重要，所以确定优先顺序尤为关键。一般而言，你的长期目标要比你的短期目标更为重要。

对理财目标进行优先排序，是让很多人头疼的难题。延迟获得满足感绝不是最佳的处理方法。人们更乐意此时此刻就能享受人生，因为这本身就是我们的财富梦想之一。未来是很久以后的事情，而我们总是想着未来能照顾好自己。实际上重要的是实现现在和未来之间的平衡，而这就要求我们对花钱的方式进行取舍。例如，在买一辆昂贵的轿车和存钱养老之间进行权衡。

不要让随心所欲的短期目标妨碍了你的长期目标。下面的例子就能告诉你短期内鲁莽花钱是如何破坏你的长期理财计划的。

短期目标： 一辆新车（一辆普通的轿车要花 2 万美元，一辆性能完美的轿车要 4 万美元）。

长期目标： 美好的退休生活。

在这里要考虑的是 2 万美元，也就是普通轿车和高档轿车之间的差额。买家通过购买更便宜的轿车，把节省下来的 2 万美元作为存款，为未来投资，假设年回报率为 7%，下面就是他可以积累的金额。

年数	2 万美元会涨到
10 年	4 万美元
20 年	7.5 万美元
30 年	15 万美元
40 年	40 万美元

不对你的理财方式进行规划，你就不可能实现财务安全。

■

我与歌一般都要有个理由，比如没钱花了。

——威利·尼尔森（Willie Nelson）

时间是你的好朋友

在为将来投资时，你得把时间当作你的朋友。事实上，没有什么事物能像充裕的时间一样，可以帮助你实现最为重要的目标。只有当你考虑了最为重要的目标之后，你才会花工夫去关注那些比较重要的目标。

复合式增长的神奇。用你的投资收益（股息、利息和资本收益）进行再投资从而获得更多投资收入时，复合式增长就发生了。这种从收益中获得更多收益的方法，在一段时间之后就可以把少量的钱变成大笔的资金。

世界第八大奇迹复合式增长

不动用存款的时间越长，你从复合式增长中获利就越多。以下表格比较了同样一笔存款在不同期限里的增长额度，假设每年存款 10 000 美元，平均年投资回报率为 7%。当然，复合式增长在较短的存款期内就开始奏效，但是早起的鸟儿得到的绝不只是一些虫子。

存款期限 （年）	存款总额 （美元）	复利增长 总额（美元）	增长总额 合计（美元）
10	100 000	40 000	140 000
20	200 000	210 000	410 000
30	300 000	650 000	950 000
40	400 000	1 600 000	2 000 000

以 30 年的存款期限为例，你就会有总计 300 000 美元的存款，而基于存款得到的复利收益为 650 000 美元，这比你存款额度的 2 倍还多。

早开始，常储蓄。成功的两个关键所在就是早点开始，以及为长期做规划。年轻人可能都知道，但他们不一定做得到。这太常见了，最后往往是你必须在两者之间进行选择，例如要把500美元放进养老金储蓄计划，还是用这笔钱买一套漂亮衣服。衣服是必需品（除非你居住在欧洲的某片海滩上），但生活就是由一个接一个的选择组成的。你越是选择眼前消费而牺牲长期投资，那么你为实现理财梦想而进行必要的储蓄就越来越少。但是，就像接下来的章节要解决的很多财务决策问题一样，500美元用来买衣服还是用来储蓄，这不应该被看作非此即彼的问题。其实我们可以设定把500美元一分为二，同时满足买衣服和存钱的需求。现在看来，尽管250美元并不算多，但很容易得出这样的结论：现在有很多机会可以为将来存钱，如果这笔钱在接下来的35年中都不会被挪用并且进行了投资，以平均每年增长7%的回报率计算，那么到时候这笔钱就会涨10倍以上。如果你想等5年之后再存这笔钱，你就需要投入350美元才能在30年后获得同等回报。

下面的例子再一次说明了早点开始、坚持储蓄以及复合式增长，可以使我们的理财规划变得非常高效。

早开始行动并坚持不懈的人才能收获金钱

4个人同一年出生，每人都为自己的个人退休账户（IRA）存入4 000美元。但是他们在不同的年龄开始存钱，有的中途停止存钱，而另外的则形成了每年存钱的习惯。他们4个人的个人退休账户年回报率都为7%。下面就是每个人在65岁时积累的金额。

- 20岁开始储蓄，存钱10年，然后停止存入：600 000美元。
- 30岁开始储蓄，存钱10年，然后停止存入：300 000美元。

- 40 岁开始储蓄，每年存钱，一直到 65 岁：250 000 美元。
- 20 岁开始储蓄，每年存钱，一直到 65 岁：1 150 000 美元。

给父母和祖父母的特别提示。当年轻一代家庭成员找到第一份真正的工作时，告诉他们为退休以后的生活进行储蓄的重要性，将是你传授给他们理财知识最好的一堂课。他们在刚刚走上工作岗位的时候，也许还不能承受这笔储蓄费用，如果你可以节省零钱，帮助他们投资养老金计划，这会是非常重要的一堂课，要比等你去世之后留给他们一大笔钱强得多。

从小笔资金开始。如果进行明智的投资，就算是以一小笔钱开始也会进行得很好。如果你能定期增加储蓄的金额，它会涨得更多，当然，随着工资收入的增加，这一点是可以实现的。

案例 ∨

一位还有 25 年才退休的人士终于发现，该是开始储蓄的时候了，开始的力度可以小一点，但是随之就要增加储蓄金额。他的计划是这样的：第 1 年存入 1 500 美元，接下来的 25 年中每年增长 10% 的金额。因此，第 2 年就增加了 150 美元的存款，存款总额变成 1 650 美元。每年增长 10% 听起来好像很多，但是这种增长是循序渐进的，所以他应该不会遗忘这笔钱——特别是知道自己最后可以积攒多少钱之后。如果他可以坚持这个计划达 25 年之久，以平均每年 7% 的回报率计算，他 20 年之后可以获得多少钱呢？

- 100 000 美元
- 150 000 美元
- 200 000 美元

看看你选哪个——你选的答案是错误的，其他两个选项也是错误的。我保证这是唯一一次欺骗你们。25 年之后，他将会有 300 000 美元的存款。时间确实是我们的好朋友。神奇的复合式增长将是我们在财富梦想道路上最得力的助手。

投资术语的快车道

你是否会对收益（gain）、收益率（yield）和回报率（return）这样的投资术语感到困惑呢？ 它们很容易被混淆。 以下是它们的定义，帮助你解开困惑。

- 收益：这里是资本收益（capital gain）的简称，指的是投资（主要是股票、债券和房地产）增加的价值，或者是损失（loss）或者资本损失（capital loss）的价值。
- 收益率：这是指进行股票、债券、基金等投资所获得的收益的比率，经常以百分比的形式表示。 例如，如果一只股票在股市上以每股 30 美元销售，同时支付每年 1.20 美元/股的股息，那么它的股息"收益率"为 4%（1.20 ÷30）。
- 回报率：这是总回报率（total return）的简称，结合了收益/损失和收益率。 总回报率，并不仅仅指投资收益率，而是一种比较不同投资种类，同时对投资表现进行评估的方式。

举例：

	赢家	输家
收益	+7%	-5%
收益率	+2%	+3%
回报率	+9%	-2%

还有两个投资界喜欢使用的术语，以下对其加以解释。

- 权益（equity 或 equities）：这是股票（stock）的同义词。股票，或者权益，代表的是对公司的所有权。如果你是你家的房主，那么你对你家的房子就拥有权益。这跟股票的概念是一致的。例如，如果你的房子价值 300 000 美元，其中 100 000 美元做了财产抵押，那么你就只拥有 200 000 美元的房屋权益。同理得知，如果你有价值 5 000 美元的埃克森美孚公司的股票，那么你就对该公司拥有 5 000 美元的权益（所有权），尽管这不算很多，但总比没有强。
- 固定收益投资（fixed income investment）：这是对债券（bond）别出心裁的叫法，因为债券要支付固定的利息。如果你拥有 5.5% 利息率的 10 000 美元的债券，你将在债券到期之前每年获得 550 美元的利息（到期时发行人还会把 10 000 美元还给你）。

要使你的财产翻倍，最保险的办法是将它折叠起来放进口袋。

——金·哈伯德（Kin Hubbard）

致富过程是乏味的

无论是在房地产生意上、用小钱生大钱，还是通过其他方式，所有的广告资讯和财富论坛都声称会传授你快速致富的秘诀，然而事实上致富过程是相当乏味的，这一过程要耗费很长时间——对大部分人来说需要几十年的光景。你已经知道获得财富的最保险的途径就是花的要比挣的少，并把剩余的钱拿去做合理的投资。这样做肯定很乏味，但可以肯定的是，多年之后你能积累一笔数额不菲的资金。不仅如此，随着财富的积累，你也能在晚上睡得很安稳，因为你非常清楚自己将会有足够的资金应对未来可能出现的一切财务危机。

这是你的选择。有些人还是希望能够快速致富，要不然那些广告资讯和百万富翁召开的论坛又有什么存在的价值呢？如果这是你的偏好，你就需要投入更多的精力。但是这种成功的概率非常低，很多尝试这种方法的人都以财务状况恶化而告终，但是他们在重新振作之后通常还是会再度尝试。

你如果愿意选择更加可靠的致富之路，就走这条乏味的路吧，它包括以下步骤。

- 消除一切不会带来长期利益的债务。这针对除了房屋抵押和助学贷款之外的所有事项。
- 总要满足足够的保险需求，不要让潜在的危险有机可乘。
- 找出减少开支的办法。你也许不需要完全掌控所有资金，削减少量的开支也是一个好的开端。
- 努力成为工作岗位上的业务骨干，增加你的收入。
- 建立你的养老金投资计划，并使其多样化。如果你只能从一小笔钱开始，也无所谓。你会有机会在今后增加金额。
- 买房子——对大多数人来说是理财中的一个妙招。因为要在退休之前还清抵押贷款，同时抵抗想购买更昂贵房子的诱惑。

以上所说的步骤都是乏味的，但是如果你能坚守住，你最终会战胜自己内心中意志薄弱的那一面。

> 老套过时的致富办法听上去并不那么令人激动，结果却会让人欣慰不已。
>
> ■
>
> 生活中除了金钱还有很多让人忧虑的事情，比如，如何存得下钱。

百万富翁的成功秘诀

古老的谚语里蕴含着许多智慧，"如果你想成为百万富翁，就找到几个百万富翁，做他们所做的事"。就算大部分富翁的行为没有完整的记录，但是某些性格特征是他们大部分人所共有的。把这些融入你自己以及家人的生活中是非常有利的。

你可能会惊讶地发现今日大多数的百万富翁都是在非常普通的环境下成长的。对百万富翁的采访结果呈现在盖尔·利伯曼（Gail Liberman）和艾伦·拉文（Alan Lavine）创作的《从平民到富翁》一书中（结论是作者选择的），下面就是百万富翁表现出的一些共同特征。

- 确立一些目标，而这些目标的初衷也许并不是赚大钱，可能只是有足够的食物或者还清抵押贷款。
- 经常从家庭成员那里获得强大的鼓励。如果你有孩子就请牢记这一点，要鼓励他们争取成功并且追逐他们的梦想。
- 不会被挑战或失败击垮，他们反而会振作起来，重新掌控自己的命运。
- 为了实现目标而不在乎牺牲。他们都愿意做出某种牺牲来交换长期的理财成就，他们的做法是"不再跟左邻右舍比排场"。

- 不怕冒险。这也许意味着当股价猛跌时仍然把钱放在股市中，或者是创办一家企业，或者是投资房地产。就像我始终说的，"做投资最大的风险就是根本不去冒险"。冒险不一定就意味着遭受损失，当然如果你想获得投资回报的话，就必须小心谨慎地去冒险。

- 拥有高超的销售技巧。成为百万富翁的创业家都有能力说服别人接受他的想法。为什么你不能挣脱束缚也学习这些技巧呢？

- 在激情引导下行动。他们都不太相信别人所说的话，你大概也知道有些人总是悲观地看待生活——普通大众总是"把半杯水说成半空而非半满"。

- 大量阅读并且不断向别人学习。换句话说，他们在自信和承认不足之间寻求平衡。即使是那些不愿意或没有时间去阅读的人，也会从有声书、讲座或者研讨会中学到大量的知识。

- 管理好债务。债务可以帮助他们获得财富，他们很多翔实的计划债务也许能帮上大忙。

- 练就从失败中迅速崛起的能力。他们不会让艰难时刻动摇他们而放弃梦想。

其他对百万富翁的研究结果总结了以下特征。

- 没有必要非得含着金汤匙出生——大多数百万富翁根本就没得到一分一毫的遗产。

- 教育是必不可少的，3/4 的百万富翁获得了学士学位，其中1/3还获得了硕士或以上学位。

- 不会炫耀他们的财富，从房产到轿车再到衣服，富人不会故意炫耀他们的财富。他们非常乐意驾驶旧车并住在普通的房子里。

🖰 获得财富不需要高额收入，大部分百万富翁并没有百万年薪的收入。他们是以老套的方式积累财富——靠自己的力量生活并且给足时间让钱生钱。

不计其数的百万富翁都还过着简朴的生活。事实上，那些自以为过着奢华生活的人根本就算不上百万富翁，如果算上他们背负的债务的话。

生活是颠倒的

我是在华盛顿特区的郊区长大的，我最早接受的理财教育来自我们家的一位朋友——他是个和蔼亲切的人，既可以和孩子们打成一片，又可以与大人们热切交流。他乐于教授年轻人什么是生活的真谛，就如同他热衷与我的父母和其他长辈对政治事件进行辩论一样。一个周五的晚上，他来到我家门口，要带我姐姐和他女儿一起去参加聚会。我应了门，但是我姐姐还没有准备好。他站在门口跟我说（我记得很清楚，就像发生在昨晚，尽管当时我只有七八岁）："乔纳森，生活是颠倒的。我忙于我的事业，但是我没钱，还要在周末的晚上开车送我的孩子去参加聚会。等我年纪再大些，我会有更多的钱，甚至还会有专门的司机送我随便去哪儿。但是你知道吗？到时候我可能不需要钱或者司机，尽管我现在很想要。生活就是颠倒过来的。当你年轻想花钱的时候，你很穷；但是当你年纪大些，不再需要那么多钱的时候，却一切都有了。"等我告诉你这些话是谁说的之后，你肯定就不会为我依然记得而感到惊讶了。他就是休伯特·汉弗莱（Hubert Humphrey），后来成为美国国会一位年轻的议员，被称为"快乐战士"。他确实兑现了那时所说的话：赚了更多的钱，也有了自己的司机。与此同时，他将毕生精力投入公共服务领域，与年轻人和老年人共同分享他的智慧。

永恒的智慧。他在几十年前对我说的话，现在看来依然是正确的。在很多方面，我们的理财都是颠倒的。我们能做的事情不多，但这不会妨碍我们去实现财富梦想。如果你现在二三十岁，时间还站在你那一边。你只需采取一些积极的步骤就能实现你的理财目标。当然，你不可能一次做完所有的事情，但你可以现在做一些，以后再做一些。

如果你起步较晚或者遭受了财务损失，也要安慰自己：为更好的财务未来做准备，永远都不嫌晚。不要哀叹，明天就开始行动来改善你的财务状况吧，就算只是往你的储蓄账户里存入几块钱也行。

> 要想成为百万富翁，并没有什么深奥的秘密或者绝佳的运气。不过百万富翁共有的特征还是值得你研究学习，并运用到你的理财中去。
>
> 在我长大的地方没有人谈论金钱，因为从来就不可能有足够的钱能成为我们闲谈的话题。
>
> ——马克·吐温（Mark Twain）

行动吧，让你的财富雪球滚起来

我们所有人的共同点就是想要实现财务自由。对很多人而言，财务自由就意味着财务独立——仅靠他们自己的力量来满足所有可预见的财务需求。换言之，财务自由意味着不管你想不想退休，你都能够承担退休后生活的需求。每个人都想在他们退休时，能够做到财务自由，但是很多人做不到。随着时间的推移，我们都想在我们工作的日子里实现财务自由，能够应付任何我们想要实现的资金需求——买一套房子、教育孩子、治愈疾病等。

你也不一定能实现财务自由，但是你必须努力——你开始得越早，实现财务自由就越容易。如下所说，实现财务自由需要完成很多不同的任务。这些任务都很重要，而且每一项都值得你关注。

解密财务自由

明确表达目标。除非你确立一些重要的个人理财目标，否则你不能从眼前的位置到达最终的目标。

确保你有足够的保险。你应该总是拥有持续且全面的保险。

永远不要放弃对资金的控制。不要让别人左右你金钱的去向，你是自己的最佳理财顾问。

适当分配你的投资资金。在股票、附息证券和房地产方面合理分配资金，对于你的投资成功至关重要。

开始储蓄。只有放在银行的资金才能让你安心享受理财成果，戒掉爱花钱的坏习惯，爱上定期储蓄。

处理人生几大事件。生活分给我们各种不同的卡片——有些是好的，有些则不是。未雨绸缪能够把突发事件带来的财务损失减到最低程度。

明智地投资。学习如何投资并且学以致用，将是你实现财务自由最为重要的因素之一。

尽量降低个人所得税。个人所得税占了个人收入的很大一部分，因此没有任何理由去支付法律规定的最小额度以外的部分。

学会靠自己的力量生活。为了实现财务自由，积累投资本金的唯一办法就是你的支出比收入少，要做到这一点就得靠自己的实力生活。

立即开始记账。要想更好地处理你的财务状况，你就得明晰消费记录并且做好个人财务报表。

规划你的财产。准备必要的财产规划文件，不仅帮了你的继承人一个大忙，而且你的一生也会受益匪浅。

准备子女教育金。最佳方法是：当你的孩子还小的时候，采取实际可行的储蓄计划，当他们快到上大学的年纪时，你就已经为他们准备了一笔可观的教育金。

谨慎使用贷款。贷款有助于实现财务自由，当然贷款也能危及你的财务自由。这都取决于你如何使用它。

对职业进行投资。投入必要的时间来提升你的职场技能并推进你的职业发展。因为你的职业才是带来收入的最为重要的渠道。

花时间关注你的财务状况。花在处理个人财务上的时间，总是最值得花的时间。

你要对实现财务自由负责。现在，开始认真对待。

获得成功的秘诀就是立刻开始行动。

——马克·吐温

02 职业

你的职业是你独有的最佳投资。在你的工作领域保持领先，并且努力成为兢兢业业、不辞辛苦的员工，这些都将给你带来更高的收入、更满意的职业生涯以及更稳定的工作保障。当你想要换工作时，具备更多技能会使你的职业变得更为平稳。如果你是重要的业务骨干，在以后的工作中你也会有机会得到更多更有意义的工作，同时还能按照自己的节奏退休而非听命于你的老板。

简而言之，如果你可以选择每天抽出一小时来学习资本市场的知识，或者来提升自己的技能，那么长期来看，后者很有可能使你获利更多。

> 知之者，不如好之者；好之者，不如乐之者。
>
> ——孔子

职业生涯成功的要素

你的大部分竞争对手可能都不具备你所拥有的优势，因此你对职业生涯的成功愿望并不难实现。不管你现在处于公司岗位层级上的哪个位置，你都有足够的资本取得工作上的进步，同时增加自己的收入。这是一项投资，而且是一项非常及时的投资。即使你现在陷入枯燥乏味、收入微薄的工作当中郁闷不已，下面的建议也能帮你踏上一条令自己更满意的职业道路。

- 准备一份计划。你有没有自己的计划呢？现在就做一份计划，写下你想在明年实现的目标吧。然后再准备一个时间规划表，列出接下来几年中你想晋升的岗位。

- 进行专业的阅读。改善技能的最好方法之一就是了解你所在领域的最新观点和创新成果，尤其是在你需要技术知识时。除了书籍和专业杂志，互联网也为你提供了大量有用的信息（当然有时信息不是很有用，也不是很准确）和练习机会。如果你想换工作，互联网也是一个可以帮你找到不同职业的好去处。

- 听课。花你老板的钱去听专业研讨会、参加当地继续教育课程，或者线上课程，都可以提升你的专业知识和技能。参加研讨会和上课还有附加的好处，那就是可以让你与该领域的领袖人物交流，并与同行建立联系。

- 做的要比预期的还多。很多人都只做别人期望他们做到的，仅此而已，他们都是盯着时钟等下班的人，总有一天他们还会为你工作。所以让你的老板和同事知道你是什么都"能做到"的人——总是做的比预期的要多，这样不用花多少工夫就能让人知道你是处在上升期的优秀人才。

- 接纳额外工作量。要求承担额外工作或者接受会议安排之外的任务，也许这些都是其他人所不愿接受的工作。不管这份工作是乏味还是具有挑战，你都要充满热情地投入。

- 找到一位导师。如果可能，在单位找到乐于指导你的上级，他会很高兴给你提出意见并为你指引方向。不要害怕开口请教，毕竟，你所付出的努力已经让大家明白，你为公司创造了很多价值。你选择的导师会因为你的请求而感到欣慰。

- 成为一位导师。如果你是一个擅长与人打交道的人，那就尽可能利用这种特质来激励并帮助同事与你一起获得事业上的伟大成就吧。你的老板会欣赏你的团队精神，以及作为团队领导人物的能力。如果你的老板认为这样做会威胁到他的地位，那你就寻找一位新的老板，另谋高就。

- 一旦时机成熟，力求专业化发展。理论上讲，在工作的头几年你要拓展广泛的职业技能，这样做能让你看清"全局"，随着不断晋升，这点会显得尤为重要。不过，总有需要你专攻某个或某些领域的时候，你要利用你的才能为公司创造可观的价值。

- 集中精力并坚持到底。在现在这个年代，烦琐的任务和难以置信的苛刻要求同时积压在员工的身上（你越出色，对你的要求就越苛刻），他们很容易忘记还要集中精力处理手头的工作。清理好你的工作环境，把分心的概率降到最低。当代工作生活的另外一个缺憾就是缺乏坚持到底的作风。如果你发现自己对工作总是避重就轻，不妨制作一份任务列表，确保自己能坚持到底并按时完成规定的任务。

- 培养扎实的演讲和写作技能。与你的老板定期交流，老板对你留下的第一印象可能来自一份书面报告，或者口头报告。扎实的演讲和写作技能，对于职业发展和成功是至关重要的。如果你的工作需要你联系消费者或者客户的话，这一点就更毋庸置疑了。如果想要改善演讲或写作技能，参加一些课程或者协会（如国际演讲协会）将大有裨益。

- 不要害怕冒险。如果你不愿意去冒险，你很有可能一事无成。要想工作取得进展，这是最主要的方法。如果你想成为风云人物，你就要乐意接受有风险的任务和项目。学会接受失败并从中吸取教训。

成为风云人物的目标，至少从理财角度来说并不难实现：通过了解职业信息、求职信息以及不断力求成为行业里最棒的专业人士，从而尽可能实现职业生涯中潜在收入的增长。赚更多的钱是你制订人生计划的实施基础。如果你的收入很低，与你的价值不相符，那么职业变更将会使你赚取更多收入。

> 技能卓绝的人，可以命中别人所不能及的目标；而真正的天才则是能命中别人根本看不见的目标。
>
> ——叔本华（Arthur Schopenhuer）

准备重返职场吗

如果你在职业生涯中安排时间去休假，或者有这种计划，一定不要因为休假后失去再次获得重要工作的机会而感到沮丧。这是一种倦怠的想法，事实是情况越来越让人感到欣慰。特别是为了照顾孩子或者其他家庭成员而进行的休假，已经越来越不被大家看作阻碍职业发展的因素了。考虑到拥有熟练技能的员工明显紧缺，一些公司正在积极寻找那些暂时离开工作岗位的人才。虽然如此，带薪休假还是会带来难题。

你的简历。首要问题就是如何解释你的离职原因。如果你简历中的这一栏是空白的，那么可能成为你老板的人会认为你曾经锒铛入狱。当然，如果你是在抚养孩子，那可能就容易理解一些。如何解释你的离职还取决于你离开时间的长短。

- 少于 5 年的情况。如果你的离职原因是待在家里带孩子，那么你的老板担心的就是你是否有能力一边带着年幼的孩子，一边高效地工作。所以你的简历和求职信应该强调的是你精力充沛以及解决这些问题的能力。在所有环节中你都不应该流露出对再次工作的疑虑和担心。
- 5 年或者更久。你离职的时间越长，你的老板就越担心你的知识和技能跟不上时代的发展。（如果你现在还在休假中，要特别关注接下来的内容。）你需要阐述为了维持现状而付出的努力，以及休假期间做了哪些与职业相关的事情。比如，参加行业协会例会、接受继续教育、与同事保持沟通以及长期阅读专业书籍。如果你还为一些协会提供服务或者在社区承担志愿工作，自然更好啦。总之，关键在于推销自己以及描述未来能为老板做到的事情，而不是详述过去的经历。

找工作时需准备的任务清单。一旦你的简历准备就绪，同时对成为优秀员工充满信心，你就要完成一些具体的任务了。

- 重新使用通信录。工作机会的最佳信息和非常中肯的劝告都来自你的熟人。所以，重新联络你的熟人吧。（如果你只能从通信录上找到这些人，那说明你确实离开工作单位很久了。）告诉所有你认识的人，你要再次回来工作了。
- 如果你有孩子，就找支持家庭生活的老板。现在，越来越多的公司开始提供工作机会给刚做父母或者家中有老人需要照顾的人。并非只有大公司才会这么做。很多地方都有当地人兴办的企业，大家都知道他们是支持家庭生活的人，所以他们都拥有杰出的员工。分享就业机会的做法也就越来越普及了。

- 接受现实，灵活应变。最后，如果你的工作请求没有立刻获得回应，一定不要沮丧。毕竟，整个雇佣程序要花一个月到半年的时间。最开始的时候，你可能只能找到一份比离职前级别要低的工作，但是你的主要目的是向他人展示你再次回到了工作岗位，只有做到这一点，其他一切才有可能实现。

> ■
>
> 有助于改善经济状况的是冷静的坚持，而非一时兴起的热情。
>
> ——威廉·费瑟（William Feather）

资金提示 ——> 继续教育，是消费还是投资？

一般来说，继续接受教育是一件好事，但是它会带来经济负担，否则我也不会在这里谈及此事。想法狭隘的人们，像我这样（起初我的专业是会计）总是会根据学科是否能给自己带来经济收益来选择研究方向。很可悲，不是吗？

教育，特别是可以拿到学位的成人继续教育项目，可以被看作一种"消费"或者一种"投资"。除非你从事的职业是艺术商业，否则你上艺术评论课程就会被归为"消费"。消费可以使你成为兴趣全面且更加风趣的人，但是可能不会为你带来更多经济价值。从另一方面看，在你选择的研究领域研修额外课程，是对将来获取更高回报的一种投资。

如果你想更换的职业需要接受大量的正式教育，你一样要考虑为了新的职业而离开现有职业的经济压力。如果你提前知道自己会从事一份收入较低的职业，那就还好。比如，你对要承担各种苦差事和巨大压力的，却能获得 6 位数收入的工程师职业感到厌烦了，你梦想从事心理学或者教师工作，而这都需要你成为全职的在校学生。在为返校而做出经济牺牲时，你就要考虑今后工作能拿到的收入水平。与此同时，你也要接受完成学业后就业的现实情况。在这个例子中，心理学方面的工作机会不多，而教学岗位可能很多，也有不错的福利待遇。

考虑换职业吗

职业更换已经变得稀松平常，如果你是正处于中年的职场老人，你总共从事过多少种不同职业呢？如果你是刚参加工作的新人，那你就问问你的父母从事过多少种职业。现在，一辈子只从事一种职业的人越来越罕见了。

你为什么想换工作？是想要赚取更多的收入，还是想要过上更满意的生活？几乎所有人都是既想从事自己心仪的工作，又想得到更多收入，但是鱼和熊掌很难兼得。当然，作为老板也许可以两者兼得，但创业是一项冒险的活动。

在更换职业之前，要仔细权衡现有工作的利与弊。盘点你喜欢或者讨厌这份工作的理由。是不喜欢所从事的这类工作吗？如果你不喜欢这家公司经营的方式，那你可以换一家公司工作。但如果是对所从事的职业不感兴趣，你可能就得有大动作了。也许你是品虫师（真有这种职业），而你想更换职业，你仍然要进一步挖掘你的感官灵敏度才能成为品酒师。

如果你已经卜定决心非要更换职业不可，那你就得评估你的兴趣所在和掌握的技能了。问问自己以下问题。

- 过去做过哪些真正喜欢做的事情？
- 真正愿意把什么工作当作谋生的手段？
- 能否把现有的技能用到新的职业当中？
- 是否需要接受其他领域的教育或培训？

这里有几个案例供你参考。

案例 1 ↓

在高中和大学阶段你喜欢写作，为校报工作。现在你从事医疗销售工作，却感到自己的才能无用武之地。你也许会考虑更换职业，成为一名编辑或者医疗出版物的撰稿人。

案例 2 ↓

你现在是公司的管理人员和信息专员，但是厌倦了超长时间的工作状态。正好你的公司可能给你提供内部培训，让你成为项目经理。对你来说，这会是让你心动的改变现状的机会。

案例 3 ↓

你现在的职业是消防员，却对电脑情有独钟。这种情况下，你可能需要回到学校再接受相关领域的教育。

如果你正考虑更换职业，以下建议送给你。

- 进行在线调研，找到你感兴趣的几种职业。尽可能多地阅读这些领域的相关书籍，了解这些领域对工作的要求。确定你想要的额外培训，你可以参加一些受认可的大学远程教育培训，为更换职业接受必要的教育。

- 考虑做些兼职或者志愿者之类的实践工作，并在你想进入的新领域建立关系网络。

- 权衡利弊得失：是进入全新的领域从头做起，还是从事能运用自己的技能和经验的职业？前者比后者风险系数更高。

- 从现有工作中或许能学到新的技能。也许你一直在公司的会计部门工作，但是想成为人力资源方面的专业人才。那你就在工作时间到人力资源部门去，迈出第一步。与此同时，你还要在晚上或周末去上课，接受人力资源管理和咨询方面的培训。

- 考虑职业变更带来的经济后果。如果你真的换了职业，你的财务状况会受到怎样的影响？你要思考一下以下这些问题。

- 额外教育或者培训要花多少钱？

- 你是否需要放弃现在的工作才能获得从事新职业的教育和培训？如果是，你是否有足够多的资金作为支持，还是需要贷款？

- 你想从事的新职业的就业情况如何？工作机会多吗？

- 与你现在的收入相比，新职业的收入水平如何？如果你肯定收入会更多，那自然没问题。但如果收入会少些，你就得考虑今后的收支能否平衡了。

衡量一个人是否成功，不是看他到达的顶峰的高度，而是从顶峰跌落谷底后的反弹力。

——巴顿将军（General George S. Patton）

终身从事一份工作的观念是 20 世纪的特有现象，是我们祖父那辈人会做的事情。就算你跟他们一样，一辈子都奉献给了一种职业，你也可能为不同的老板工作过。

或许你迫不及待地想辞去现有工作，但是有可能你会后悔这么做。即使下一份工作已经联系好了，你将来也许也需要前（几）任老板给你写不错的推荐信。或者虽然现在你对下一任老板的感觉是温暖的，可是也许有一天你会想再回到原来的地方工作。简而言之，如果你做任何让你的现任老板感到不悦的事情，都会导致他采取行动把不悦的心情返还给你，到时候你将一无所获。所以，无论你的现任老板多么严厉，无论你多么讨厌这份工作，你都要感谢你的老板给了你工作的机会，同时定期与前任老板和同事联系，让他们知道你现在的情况。

随着你职位的升迁，你的老板还有可能询问你过往所有工作过的单位的意见。最近，我就得给在 20 多年前的一个夏天为我工作过的一个学生写推荐信。他是政府部门高级职位的候选人，需要他工作过的每一个单位都提供翔实的证明。

> 反复思量每件事情或者随波逐流，是绝对不可能赚钱的。
>
> ——井原西鹤（Ihara Saikaku）

创立自己的企业

如果你决定创立自己的企业，你就得保证你的期望是可以实现的。千万别指望刚开门营业的商店、刚投入运营的网店或者刚挂上小招牌的实体店，马上就有客人蜂拥而至。有关数据显示，初创企业一般要花 7 年时间才能赢利。

很多成功的企业老板会告诉你，每次只需前进一小步，再前进一小步带动一大步，不要因为一次失败而垂头丧气，要继续埋头苦干。这里有些步骤可以帮你实现从赚钱的概念到实际现金流的转变。

- 在有强大市场需求的领域里找到你喜爱的生意。与同行进行沟通，了解他们是如何起家的。特别关注他们的定价和成本问题，进而把目光集中在你有经营经验的生意上。进入你完全陌生的领域只会增加失败的概率。你喜欢吃日式料理并不等于你就有能力经营一家寿司店，如果你对感兴趣的生意不具备必要的经验，那你可以考虑经营连锁加盟店。

- 确定创立和经营企业所需的资金，预估你可以从运营中获得多少收入。企业支出有哪些？这些支出可能包括房子租金、水电费、文具用品费用、人员工资、账目清算费用、税收、保险和产品成本等。你是否有足够的资金来支付这笔费用，而无须倾注你所有的储蓄？如果你需要为此进行贷款或者寻找合作伙伴，你就要开始调查可能的资金来源。

- 不管你的启动资金有多少，你都需要再添补其 1/3 的额度。初创企业经常会遇到一些无法预料的问题，你需要一笔额外的资金作为缓冲。

- 如果你创立的是家族企业，你可能是唯一的员工。所以你需要检查税收情况。会计或者律师可以给你提出所创立公司形式的建议——个体独资、合伙制还是合资经营。

- 较为可行的方法就是从小规模开始创业，投入适量资金。这样可以帮助你解决运营过程中的障碍。即使你能侥幸成功，但也别忘了有句老话讲得好——"别辞掉你正式的工作"。当然，你不要期望能立即获得成功，你得与供应商和客户建立良好的关系，这些都是需要时间的。

- 你需要一份可靠的商业计划书，其中应列出关于创立企业的各方面信息。重要的是，必须解释清楚你的企业和服务存在的必要性。商业计划书应该包括切实可行的财务预算。如果你想获得小企业贷款，这点就尤其重要了。

- 你需要制订营销战略方案，这是一流营销机构和营销网站论证得出的结论。卓越的销售技巧是关键。不管你的产品质量或者服务品质有多高，如果不能强势挤进公众的视线，你的企业可能还是无法生存。如果不具备卓越的销售技巧，你就得迅速培养相关能力。如果你不进行品牌宣传和推销产品，那也徒劳无功。

- 不要低估经营企业所需的各种技能。长久以来，人们都说创意欠缺而商业技能丰富的创业家，要比商业技能欠缺而创意丰富的创业家拥有更多成功的机会。

- 一旦你创立了自己的企业并且投入运营，就要努力使其获得成功。没有任何事情可以取代努力工作，你也必须要多磨炼，并不是所有事情都会按照你的想法进行。

- 定期分析和评估你的运营状况，包括成本控制以及盈利状况。同你的个人财务状况一样，定期评估你赚钱和促进收入增长的办法。定期比较你的实际结果与你的商业计划，根据需要对计划进行调整。针对实际结果、竞争状态、支出情况和市场变化，你要做好随时应变的准备。

一生的机会。确实，企业成功很难，但这不代表你不能提高成功的概率。成功的小企业有机会赢利，但可能被大企业觊觎。蒸蒸日上的小企业也有可能被企业主卖掉，从而使其和家庭成员过上安乐富足的生活。

> 金钱从来不会开发创意，创意反而能开发财富。
>
> ——威廉·卡梅隆（William Cameron）
>
> 成功通常都会被赐予忙得顾不上寻找它的人。
>
> ——亨利·大卫·梭罗（Henery David Thoreau）

退休并不意味着职业生涯的终止

卓越超群的职业技能和狂热投入的工作态度，给你带来的最大好处之一就是工作单位一直都会需要你，即使你过了退休年龄也一样。调查研究显示，美国婴儿潮时期（1946—1964 年）出生的这代人中，65 岁以后仍想工作的几乎占了 2/3。经济因素并不是他们想继续工作的主要原因，尽管延迟退休可以极大地增加退休金的额度。很多人想继续工作的理由很简单，他们享受工作的快乐，不能想象不工作会是什么样子。如果你想推迟退休的时间，这里有 3 种方法。

1. **继续你现在这份工作。** 雇主一般都害怕失去有能力的员工，现在越来越多的雇主开始实施一些计划来支持那些过了退休年龄仍然想工作的员工。所以，你如果退休之后仍然想继续工作，应该有机会实现。

2. **找一份新的全职工作。** 也许你已经厌倦了现在的工作状态或者不喜欢这份工作带来的压力，可又不想退休。根据你的兴趣所在和工作经验，完全有机会找到适合自己的另外一份工作——可以在自己擅长的领域，也可以在用得上自己经验的其他领域。

3. **找一份兼职工作**。找一份兼职而不是马上退休，从生活方式和经济状况等方面来看，都有很大的吸引力。你可以考虑在现在的工作单位或者新的工作单位缩短工作时间，也许"逐步退休"是你的喜好，花上几年来逐渐减少每周工作的时间。

退休后继续工作将增加你的退休金收入，也许增加的比例还很高。例如，如果你在退休后找了一份足够养活自己的兼职工作，情况会是这样：退休后工作 1 年，会给你的养老储蓄带来 10% 的额外收入；工作 3 年，增加 20%；工作 5 年，增加 40%！延迟退休会带来如此高的退休金收入，有两大原因：第一，在你使用养老储蓄之前，它有更多的时间增长；第二，多工作一年，你使用自己养老储蓄的时间就少一年。同时，延迟获得社会保险里退休收益的时间，也增加了该收益继续累积的时间。

> 我是运气的忠实信徒，我发现自己越努力，就越走运。
>
> ——托马斯·杰斐逊（Thomas Jefferson）

03 致富

即使是收入微薄的人士，实现财富的积累也并不复杂。大部分千万富翁都是白手起家的。你只要采取以下几个简易步骤，就有机会过上优越的生活。

- 充分利用那些鼓励投资的税收法规。
- 给延税的养老金计划缴款并且努力增加缴款额度。
- 想办法消除不必要的或者挥霍性的支出，特别是在储蓄不足时。
- 利用财务机会——集资或者意外之财，创建更好的财务愿景。

如何创造巨额财富

也许你的目标绝不只是实现财务自由，也许你想创造能够惠及后代的巨额财富。如果是这样，我会简单地介绍人们过去的财富创造历程以及未来财富创造之路。如果你真的想积累财富，你需要有一个伙伴跟你一起创造财富。很多宣传推崇一夜暴富的大师级人物，但是这等人物往往只会放出大话却从不履行承诺；与之相反的是，你的这个伙伴却会给你提供实实在在的资金援助，这是过去几代亿万富翁使用过的方法。如果我告诉你对美国人来说这个伙伴就是美国政府，你肯定会愕然。美国的税法会对某些类型的投资进行大幅度减/免税——我说的可不是油井或者豪华酒店。这些税收优惠政策都是给予那些你已熟知且再普通不过的投资类型。这些类型的投资都可以利用以下任何一种税收激励政策。

1. 有能力把投资收益当成资本收益进行缴税。长期资本收益的税率——投资超过 1 年所获收益，比其他类型投资的收入税率至少会低 40%，有时候甚至会低 50% 以上。
2. 有能力永久性延迟缴纳资本收益税。有很多办法可以把资产作为遗产转移给继承人或者慈善机构，而无须缴纳资本收益税。

美国投资者请牢记美国政府慷慨提供的税收激励政策①，以下是创造财富的方法。

购买股票。很多富裕家庭都是通过购买股票走上发家之路的，他们会终生持有这些股票。即使过了几十年股票价值大幅增长，只要他们不卖掉这些股票，他们就永远不用支付资本收益税。在他们去世后，继承人就会按照"递增成本"来接手股票，这就意味着继承人接手的股票是以辞世者去世当天的价格计算税值的。例如，沃巴克斯爷爷（Warbucks，漫画《安妮》中的千万富翁）就在微软公司 1986 年首次发行股票后的几个月，购买了 1 000 美元微软股票，且持有该股票直至终老。沃巴克斯爷爷的继承人继承了这些股票，不过继承人这时要承担的费用不是按照沃巴克斯最开始购买的 1 000 美元计算，而是按照他去世的股票价值 230 000 美元计算的。就算继承人转而立即卖掉微软股票，他们也不会欠下任何资本收益税需要偿还。如果他们继续持有这些股票并像沃巴克斯爷爷那样传给下一代，他们也就像爷爷一样

---

① 各国投资者可在本国相关网站了解本国政府详细的税收激励政策。——编者注

永远不用支付这些股票的资本收益税。但是可能你没有那么幸运，你购买的股票并不能像微软股票一样，积累的高额利润不会因为最后的收益税而被消磨殆尽。连续40年每年投资1万美元买股票并且持续持有，那么最后你会积累大约450万美元的财富。

但是，就像推销刀具的电视广告中所说的，"等等，这里还有更多呢"，有利的税收政策会让人们得到更多股息分红。大部分公司支付的股息分红（那些投资房地产的公司则是一大例外），其税率要比政府或公司债券的利息低很多。所以在避税的方法中，最好的就是购买并持有那些根基坚固并能持续增加分红的公司股票。很多富裕家庭都不约而同地采用了一个简单的策略，即购买能在几十年内不断增加优厚股息分红的蓝筹股来满足养老需求，并且传承给下一代。这里有一个例子：20年前，一位投资者购买了价值5 000美元、股息分红总计100美元（股息收益率为2%）的美国强生公司股票。20年后，股票价值涨到6万美元，同时股息分红涨了14倍，达到1 400美元。不仅股票价格上涨了12倍，就连股息分红也涨到了原始投资额的28%。

投资房地产。投资房地产（例如一套公寓、小型办公室或者工业大楼）也能像股票一样增值。只要你手中一直持有房产，你就可以通过不断提高租金而不用支付任何资本收益税来享受不断增长的财富。你在偿还完所有贷款，就可以从房产上获得丰厚的回报。毫无疑问，对于普通老百姓来说，投资房地产是创造财富的最佳方案之一。想要获得投资房地产的相关建议，见第7章。

创立企业。这是一笔风险很大的赌注，不过成为自己的老板一直是很多人的梦想。如果你成功了，最终会获得丰厚的回报。如果你不仅成功了而且非常幸运，那么你还可以卖掉企业来赚取更多的资金。就像股票和房地产一样，在你卖掉你的企业之前，它都能够不断提升价值，而你不用为增加的价值缴税。第2章"创立自己的企业"一节就为你提供了一些建议。

股票、房地产和私人企业的另外一个好处就是，如果你卖掉它们，你要支付的资本收益税是按照联邦税率 15% 征收，与大部分纳税人所缴纳的个人所得税税率（25%～35%）相比低多了。

小测试 ——>　你是更爱花钱还是更爱存钱？

如果你现在还在冥思苦想自己到底是更爱花钱还是更爱存钱，就问一下你的配偶、伙伴或者了解你的熟人，他们都能给你一个明确的答案。要不然，你就做一下下面的测试。这里没有绝对正确或者错误的答案，但是它们可以帮助你更了解自己的理财倾向。

1. 当你听到"债券"（bond）这个词时，你首先想到的是：
   - 007（影片《007》主角詹姆斯·邦德的名字）
   - 生息资产
2. 当你在餐厅付账时，你会：
   - 仔细核查账单上每道菜的价格
   - 想要知道信用卡上是否还有足够的额度来支付
3. 如果你的购物车里存有 10 件要买的商品，在下单后你很有可能收到：
   - 5 件商品
   - 15 件商品
4. 一辆已经开了 10 万公里的轿车，你觉得应该：
   - 买下来
   - 卖掉它
5. 你刚刚升了职，首先想到的是：
   - 蒂芙尼首饰

- 蒂芙尼公司股票

6. 下面的哪句话能给你带来更多喜悦？

- 上周道琼斯指数上涨了 3%

- 品牌香水在特价出售

7. 你赞同以下哪一句话？

- 只需要多花一点钱就可以坐头等舱了

- 像头等舱这样的消费都是巨大的资金损失

8. 在你购置第一所房产后的一周年纪念日，你会说：

- 我非常高兴住在这里

- 如果能有更大一点的房子，我会更开心

9. 不管什么时候买了打折的商品，你都会得出这样的结论：

- 省了钱

- 花了钱

10. 你给 CD 下的定义是：

- 光盘（a compact disc）

- 存款单（a certificate of deposit）

赚钱难，存钱更难，而聪明地花钱最难。

——爱德华·达伊（Edward Day）

延税的神奇之处

本节介绍了富人是如何利用税收优惠条款而变得更为富有的。购买股票、投资房地产或者创立企业也许不一定是你现在就想要的（或者能负担得起的），但这并不意味着你就得向政府缴纳大笔费用。其实还是有别的办法让你在退休之前不用投入很多资金就可以达到避税目的。如果你和你的配偶都有工作收入，那么你们就有机会缴纳延税的养老金储蓄计划。你应该知道这个计划，但是你可能不晓得它能给你带来多大的理财收益。思考以下案例。

案例 ⬇

以下的比较就可以告诉你，投资者每年在以下计划中分别存入5 000美元，到退休时再取出的时候可以积累多少资金：

1. 有税收优惠的养老金计划。
2. 不可扣税（税后）但可延税的养老金计划。
3. 非养老金投资账户。

接下来的 20 年，每年投入 5 000 美元，然后在退休以后的 20 年中，每次取出同样金额的资金。下面的表格显示了延迟缴纳的税费。从个人退休账户中取款所缴纳的税费，比非个人退休账户取款所缴纳的税费更多。尽管个人退休账户取款所支付的税费更多，但重要的是税后剩下的部分，也就是成功延税的部分。

（单位：美元）

	税前（扣税的）养老金计划	税后（不可扣税的）养老金计划	非个人退休账户
20 年后积累的金额	205 000	155 000	140 000
接下来 20 年每年的税后取款金额	17 000	14 000	12 000

投资延税账户不能太多或太少。当你开始或者继续进行财富积累这项开心任务时，需要牢记的最重要事情就是：

第一，如果你刚开始，完全可以只投入少量金额到这些计划中。

第二，随着你避税的能力逐渐增强，可以增加投入的资金额度——如果你既有工作单位提供的雇主养老金计划又有个人退休账户，那你每年可以投入更多。当然，你投入养老金计划的金额越多，退休时拥有的资金也会越多。事实上，在现行的税务条例下，你应该尽可能多地把专门为了养老的资金投入延税账户中。

自评表　邪恶的 12 条法则——最严重的资金浪费方式

想象一下，你在法庭上，法官问你对以下每种资金浪费方式将如何宣判——有罪还是无罪，最后总结一下你的辩词。

	无罪	有罪
1. 买彩票	☐	☐
2. 为白手起家快速致富的课程付学费	☐	☐
3. 买一辆你不能在 3 年之内付清全款的汽车	☐	☐
4. 投资你不甚理解的领域	☐	☐
5. 买名牌衣服	☐	☐
6. 意气用事坚持某项投资	☐	☐
7. 单纯为了攀比而购物	☐	☐
8. 到昂贵的餐厅用餐	☐	☐
9. 购买你不需要的打折商品	☐	☐
10. 购买诸如癌症保险或人寿保险等，这些投资会刷爆你的信用卡	☐	☐

11. 购置不常用的大件物品，如第二套房子、
    游艇或者机动雪橇　　　　　　　　　□　　□
12. 为了再融资而延长抵押贷款的到期时间　□　　□

总结一下你的违反记录并准备你的辩词。 你将如何辩护？
□ 罪恶至极 （6 条以上）
□ 一般罪过 （3 ~ 6 条）
□ 无罪 （3 条以下）

用净收入来应对不理性消费

埃罗尔·弗林（Errol Flynn）曾经说过："我的问题在于要用我的净收入来应对胡乱消费。"这是一个普遍存在的问题。但我还是要强调不言自明的事实：靠自己的能力生活是为你和你的家庭创造财务自由的最根本的要诀。当然，除非你能保证可以获得一大笔遗产、彩票中头奖或者钓到一个金龟婿，又或者你向来都是花的要比赚的少。其实减少支出从来就没有你想象的那么困难。就像节食一样，要减少饭量的念头才是导致我们想要吃更多的罪魁祸首——甚至是在我们不饿的时候。但是只要粗略地回想一下你的钱都花到哪儿去了，你就能发现几项可以删除或者减少的消费内容。如果你还没有存够钱，那你还能去随意消费吗？你只需找到几个简单且不费力的省钱方法，并保证把省下来的钱放到能增值的地方，作为对自己的奖励。

这里提供一些看似无用的妙招，但是把这些妙招放到一起经过一段时间后你就会积累一大笔钱。同时，这还可以让你估算自己的省钱空间。

	每周省钱标准	自己的实际情况
带面包和咖啡去上班 而不要在途中买早点	15～20 美元	_____ 美元
带午餐去上班 而不要去餐厅或便利店	15～30 美元	_____ 美元
减少购买彩票的次数	5～15 美元	_____ 美元
光顾比较便宜的餐馆	10～25 美元	_____ 美元
乘坐公共交通工具上班 或者选择搭车	20～50 美元	_____ 美元
在商场购买普通商品 而不购买名牌产品	10～20 美元	_____ 美元
其他你能想到的内容:		
_____	_____ 美元	_____ 美元
_____	_____ 美元	_____ 美元
_____	_____ 美元	_____ 美元
_____	_____ 美元	_____ 美元
_____	_____ 美元	_____ 美元
预计每周节省	75～160 美元	_____ 美元
预计每年节省	3 900～8 320 美元	_____ 美元

每周节省 75 美元如何？如果开始监控自己每天的支出情况，你一定会有一些想法的。如果你每周能找出 75 美元可避免的开销，那么这

里就有以每年投资回报率7%计算的累计金额。

5 年	23 000 美元
10 年	56 000 美元
20 年	170 000 美元
30 年	400 000 美元
40 年	860 000 美元

上面的例子以每周节省75美元为例，告诉我们通过持续存入一小笔钱（只有坚持持续存入才会奏效）能积累多少财富。

当然，一旦你养成了储蓄习惯，就像上瘾一样还想存更多。如果今年节省计划是75美元，当你找到更多方法削减开支或者下次加薪之后，你可能会想为什么不节省100美元呢。

> 养成定期存钱的习惯，即使金额很小，也能在几十年后积累成一笔丰厚的财富。
>
> 留心微小开支，一条小裂缝会使一艘大船沉没。
>
> ——本杰明·富兰克林（Ben Franklin）

资金提示 ➞ **拒绝攀比，改善财务状况**

攀比，就像使信用卡贷款、无本金抵押贷款一样是美国人骨子里的天性，同时对理财有害无益。不管什么理由，我们以及每一位家庭成员，都感到有股压力迫使自己追求更高的生活标准，与我们的邻居、同事、幼儿园同学等攀比。然而，我满怀激情地建议所有的读者反其道而行。换句话说，虽然对整个社会而言过度消费是件好事（个人消费带来的经济增长占了经济总额的2/3），但是你不应该过上肆意挥霍的享乐生活。所以我的建议是尽可能地劝诱你的朋友和邻居去购物，要说服旁人去消费用不着下多少功夫。你只需要谈论奢华的生活有多美好，就能促使很多人去尝试着过上那种生活。他们出于不安，会让你先去做。但是，现在就是"拒绝"需要站出来的时候了，你必须抑制住自己花钱的欲望。拒绝攀比，可以使我们拥有世界上最好的事物——其他人持续的高消费会保持经济增长的态势，同时你和我正在为将来存款。

让预算来帮你

如果你喜欢筹划、管理并实施你们家的财务预算，那就太棒了，你就不需要再往下看了。现在有很多网站都能帮助你轻松解决预算这种烦心事。当然，如果你不喜欢做预算，或者因为过去做的预算没能带来好结果而让你对预算产生厌烦的话，这里倒是有个妙招可以帮助你实现现在和将来的理财目标。

做预算的目的非常简单：找出你花钱（或者，是挥霍）的地方，从而找到可以节省开支的环节，让你可以开始或者增加存款。而这一举措的困难在于为了监控你的开销，你不得不说明自己是如何花掉每一分钱的。

所以让我们坚守基本要领：个人预算的目标是实现理想水平的节省。例如，你也许现在只节省了5%，但今后有可能提高节省的比例。又或者，你可能不会省开销，但你有可能开始把部分资金投入储蓄账户。为了增加存款，你必须找到花钱的地方，然后想出节省开销的办法。如果你想花时间记下每一分钱是如何花掉的，那么这个办法最好不过了。但是如果你时间紧张或者有预算恐惧症，那么这里有3个办法来简化整个过程。

- 铂金级战略——你的开销不是重点。如果你已经开始节省开支，而且还想省更多的话，那你就去做吧。如果更高比例的节省让你觉得手头紧张，而你又不想超出预算的话，你很可能会自动调整你的开销状况，因为你已经意识到了节省开销的方法。换句话说，就是顺其自然吧。此处的关键在于逐渐增加节省的额度。如果你突然增加一倍或者两倍的节省金额，除非你能控制好，否则必然会让你失望。

- 黄金级战略——如果你从头开始，那就从小笔着手。与"铂金级战略"相似，不要忙着筹划预算，而是从小笔金额着手，工资的1%或者每周就节省20美元也行。你可能不会觉察到它的存在，但是如果它让你难受了就参考以下的"白银级战略"。一旦你习惯了开始时的节省水平，就要想着一点点地增加额度。一段时间之后，你会发现自己成了顶级的节省专家。

- 白银级战略——如果你一点都节省不下来，那就用现金支付。如果你发现你无法省钱，我敢打赌现金会拯救你。其实问题在于你的日常开销，像咖啡、工作餐、干洗服务以及餐厅就餐。如果你总是用信用卡或者移动支付来支付日常开销，那只会使情况恶化。没有什么像不情愿地付出现金这样更能感受购物的"恶果"了。养成付现金的习惯吧，这样你就能立刻发现自己买的东西并不是你真正想要的。这样也许会改善你常用账户余额的状况，当然这样反过来也会帮你晋升到"黄金级战略"。

> 你无须受制于预算来实现理财目标。理财成功与否取决于你节省了多少。如果做好储蓄的准备，那你也就无须对支出进行预算了。
>
> ■
>
> 花钱是人之常情，节省才是超越常人所为。
>
> ——乔纳森·D. 庞德（Jonathan D. Pond）

加薪是未来获得收益的商机[①]

每一次加薪时都节省其中一部分，这是一个离奇的想法，不过可能有助于改善家庭财务状况。等你下一次加薪时，你不要想方设法花掉它（更糟糕的是在你得到它之前就已经花掉了），至少要投资其中一部分用来实现今后更佳的财务状况。这里有我的一些建议，不过要根据你自己所处的情况而定。

- 你的工作单位提供雇主养老金计划。如果你不能承担把所有的加薪部分都拿来做储蓄存款（毕竟通货膨胀会让你增加日常支出），那你就尽可能多地把它放进雇主养老金计划。这样做不仅增加了延税养老金账户里的金额，而且还省掉了要多缴纳的收入所得税。例如，如果你每月往该计划中存入200美元，本应该按照联邦个人所得税税率25%纳税，现在你就可以减少

---

① 本节中的方法大部分适用于美国居民，中国读者可借鉴思考，举一反三地运用。——编者注

50 美元的税费。所以把这些都加起来，加薪得来的 200 美元存入该计划，实际上意味着你多赚了 250 美元，如果你的雇主负责把你加薪的部分或者全部金额投入你的雇主养老金计划中，自然是再好不过的了。但如果你只是把加薪的部分拿去花了而非节省，那么加薪额度中的 50 美元将作为税费被收走，你实际上只开销了 150 美元。所以决定权在你手中——是要花掉 150 美元，还是要节省 250 美元？

- 你的工作单位不提供雇主养老金计划。你的雇主可能通过电汇的方式把你加薪的部分或全部金额投入由经理人或者共同基金公司掌管的个人退休账户中。如果你的雇主没有这么做，你就要求掌管个人退休账户的投资公司将加薪的金额从薪水（如果允许的话）或者常用账户中取出。不管是哪种方式，都不能让你那双经不起各种诱惑的双手触碰到这笔钱，而是把它放到能够自动生成更多收益的投资里。如果你还没有建立自己的个人退休账户，那就快去办一个，其实很容易就可以办好。毕竟，投资公司很乐意做你这笔生意。

- 你想在退休之前积累资金购置某物的话。最重要的事情就是把你的加薪看作可以给你的未来带来收益的商机。如果你往你的个人退休账户存入足够多的资金，那么当你有一些值得花费的开销时，像第一次购房的预付款、改善家庭状况的用品，或者上大学的学费，你都可以直接把你的薪水或者常用账户里的资金转移到你的投资账户里去，而这个投资账户就会在不危及本金的情况下还能给你带来不错的回报。

> 不要让理财机会轻易地从你身边溜走。现在就计划如何将你下一次加薪的部分金额用来改善你未来的财务状况。
>
> ■
>
> 噢，金钱啊金钱！我经常驻足冥想，为什么你走得如此之快，来得却如此之慢。
>
> ——奥金·纳什（Ogden Nash）

找到处理意外之财的方法

意外之财降临的形式有很多种，例如获得遗产、奖金或是彩票中奖。此类事件总会让人心潮澎湃，但最好不要冲动地做出任何决定。可能最后你需要一些专业性建议，最好的办法还是在你自己空闲的时间来选择自己的顾问。

先把情绪变化放在一边，大部分获得意外之财的人会不知所措。所以这里提供给你一个按照优先顺序排列的清单，希望能够帮助你找到利用这笔最新获得的财富的最佳方法。

1. **还清信用卡贷款和其他高利息债务。**不要把还清贷款看作增加信用卡额度的方法，而应该把它看作避免今后增加刷卡额度的机会。

2. **如果获得的这笔意外之财是现金，就把它暂时放在安全的短期投资计划中。**立刻用这笔钱做投资，不要有被迫感。你也可以等待几个月的时间，将一大笔现金逐步用于投资。

3. **如果你过去不能最大限度地投资养老金计划，那你就储存足够多的资金在接下来的时间里投资你的养老金计划，包括个人退休账户。**把它看作一个托管账户，能够让你从养老金计划投资中获取税费减免和延迟缴税的优势。

4. **用部分资金来实现你和心爱的人长久以来向往的,却一直没能负担得起的事情**,例如旅行一次或者买一辆新车。无论如何,要用意外之财中的一部分来满足自己的欲望。但一定要有自制力,要牢记有数不胜数的人在几个月的时间里就把财富挥霍一空。

5. **考虑把部分资金用来支付抵押贷款或者采取一次性付清的方式来减少偿还贷款的时间**。用现金支付住房贷款或者先开始偿还住房权益类贷款,都是处理意外之财的明智之举。还清抵押贷款会全面改善你退休后的生活,这将是你朝目标迈进的绝好机会。

6. **用部分资金来购置改善家庭状况的用品**。合理购买改善家庭状况的用品,是一项完全值得去做的投资。

7. **投资剩余资金争取实现更加自由的理财前景**。如果在做完上述所有的事情之后你还有剩余资金的话,就把资金储存起来用来改善你的理财前景。如果你有足够的资金用于增加日常支出,自然很好,但是你不能挥霍无度,否则最后会比获得意外之财前的状况还要糟糕。

你需要专业性意见吗? 在你寻求投资建议之前,你可能要等待一段时间。如果这笔意外之财数额庞大,你要找的顾问就应该是税务专家(擅长税务的注册会计师或者律师,而非在柜台工作的报税师),向他/她咨询是否可以利用一些策略来减少你需要支付的巨额税款。同时你应该接受一位经验丰富且负责遗产规划的律师提供的服务,从而了解你是否需要更改遗嘱或者采取某些策略在将来避免或者减少遗产税。

不过,还是要把获得意外之财看作实现更好理财前景的机会,这不是仅仅针对接下来的几年,而是针对你的余生。

得到一笔意外之财不仅是改善你目前财务状况的机会，同时也是让你更早实现财务自由的机会。

当人们突然富裕起来，他们也会变得反常。

——劳伦斯·彼得（Laurence Peter）

04 | 债务

贷款是我们整个理财生涯中要解决的一大难题。比起不通过贷款而获得的财富，基于正确的分析，理智地申请贷款可以让你过上更富足的生活。但如果你不够理智地进行贷款，它就会长年阻碍你的资金增长。这一章所讲述的理财妙招将帮助你有效利用债务，使你拥有更加光明的理财前景。偶发性的财务危机会使债务变得难以处理，而很少有人能够避免这种危机。如果你发现自己正处于危机之中，请阅读接下来的内容来解决问题，从而改善你将来的信用记录。

> 相对于赚钱和存钱来说，借钱可以节省很多麻烦。
>
> ——温斯顿·丘吉尔（Winston Churchill）

只为有增值潜力的事物贷款

　　尽管媒体喋喋不休地评论欠债行为的罪恶，但贷款（使用他人的资金）是实现财务自由最基本的工具。在如今的社会，通过贷款几乎可以买到任何东西，但其中只有很少一部分值得你负债购买。下面是一条警告：**不要为贬值的资产贷款**。换句话说，不要为那些将来无法给你提供持续增长的收益的事物贷款。这就过滤了大量需要通过贷款才能购买的东西。很多人通过贷款来负担现在的开销或买一些若干年后会贬值的东西，比如一辆汽车。

可以称得上增值资产的，我只能想出三个半事物，你可以把它们当作值得贷款的候选项。

1. **一套房子**。房子是证明贷款可以让你在未来受益的最佳例子。你用贷款买一套房子，努力工作还清住房贷款，之后便可以永久享受一套无抵押贷款的房子了。你的房子始终（至少大部分时间）是能增值的——只要你抵制诱惑，不把你的房子作为个人储蓄罐拿去贷款买一些会贬值的东西。更多有关买房的内容详见第8章。

2. **教育**。给孩子提供教育或给自己充电是一个昂贵的建议——超越了大多数家庭的现有支付能力。虽然你尽力确保获得奖学金、助学金或是得到有钱亲戚的礼物，但你可能不得不通过贷款支付迅速增长的大学费用。接受教育是一个很好的贷款理由，因为你的投资回报率不但高，而且会持续好几十年，等你还清恼人的助学贷款后还会持续很长时间。更多关于筹集大学或研究生学费的建议请见第9章。

3. **理智地改善家庭条件**。家庭条件的改善分为两类：理智的和荒唐的。真正严峻的考验并不在于家庭条件的改善让你感到有多么舒服，而在于你房子未来的买主对它的喜好程度。理智地改善家庭条件会增加你房子的实际价值，因此这是值得贷款的，否则你还不如直接搬到更昂贵的别墅里。

1/2. **房地产投资**。房地产很昂贵，几乎很少有人可以用现金全额支付。只要你能避免在房地产上支付过多，那么贷款投资房地产将会很有效。但是，就算你以称心的价格买到一套房子，投资房地产也是一个很冒险的建议。这就是我认为这条贷款理由只是半个理由的原因。

高风险的贷款。还有两个领域的贷款可能会让你获得丰厚回报，但是与贷款买房、接受教育和改善家庭条件相比，这两个领域的贷款更具有风险。这两个领域是贷款投资股票和债券以及贷款创立或经营企业。你（或你的投资顾问）会认为你在用贷款进行赢利的投资，例如投资股票、债券和共同基金（称作盈余投资）。但是当投资市场风向急转的时候，你会遭受巨额的投资损失。贷款创立或者经营企业甚至会遭受更大的风险。

> 就算要靠借钱来实现，你也得靠自己的能力生活。
>
> ——乔希·比林斯（Josh Billings）

贷款致富

也许没有比"无债一身轻"更好的状态了，若在退休前实现这个目标，你就可以过上无忧无虑的退休生活。然而，在你的职业生涯中，贷款可以帮你增加财富。以下几个例子充分说明了贷款可以让你感受到普通的退休生活和富足的退休生活之间的差别。

案例 ↓

房主哈里森买了一套价值 25 万美元的房子，用现金支付了 2.5 万美元并办理了一笔 30 年期的抵押贷款，每年偿还总金额的 6%。而比起买房，租户罗杰更愿意租房，他拿 2.5 万美元用来投资，年回报率为 7%，同时每个月支付 1 200 美元的房租。我们假设哈里森的财产税和维修费用每年上涨 5%，同时罗杰的租金也以每年 5% 的速度增长。那么这 30 年里谁花在住房上的费用更多？由于哈里森偿还抵押贷款和支付财产税，他可以减少应缴税款，如果把这些都算在内，那么他每年会比罗杰多花 20 万美元。但是我们在得出租房子比买房子划算这个结论之前，还应考虑以下两个重要因素。

第一，罗杰的投资价值与哈里森的房屋资产之间的对比。如果哈里森的房子平均每年增值 5%，那么它的价值将比罗杰的投资账户高出 90 万美元。这就是利用贷款的好处——通过贷款购买增值高价资产。而罗杰没有利用贷款，其 2.5 万美元的原始投资所带来的收益只是哈里森买房投资价值的 10%。

第二，未来住房开支。第二个要考虑的重要因素就是两位主人公将来花在住房上的费用。既然哈里森现在已经还清了贷款，那么他的住房开支将包括所有的财产税和维修费用。相反，罗杰还需继续支付租金。

但是获得房子的所有权并不是件轻松的事情。毋庸置疑，很多新房主只要一想到还有巨额的贷款需要偿还，就担心得彻夜难眠。但是，数年之后，他们和你一样都将因为利用贷款而获得巨大收益。

案例 ⇩

兰妮买了一套房子，出租给多户家庭。她的租金收入足以让她还清抵押贷款并且负担经营成本。兰妮打算 20 年后退休，因此她办理了一笔 20 年期的住房抵押贷款。她预计这套房子每年增值 5%，并计划每年提高 3% 的租金。如果她的预期能够实现，她将获得一笔丰厚的退休资产。这套房子将增值 150%，她可以高价出售以获得高额利润。如果她继续拥有这套房子，就可以收到稳定的租金，而且租金还会持续上涨（自从兰妮拥有这套房子的所有权后，租金收入已经上涨了80%）——这是一个理想的退休收入来源。

通过贷款，房地产投资商利用相对较少的投资就可以获得数额可观的财富。尽管长期拥有房子的所有权可以让投资商在投资这场赌博中稳操胜券，但是购买和经营"制造财富"的房地产仍然是一个风险较大的建议。即将投资房产的人们应该未雨绸缪，准备足够的资金，忍受让租赁财产所有者都头疼的周期性危机——如大件物品维修、令人厌恶的房客、走低的租赁市场。如果你突然对购买正在承租的房子产生了兴趣，别急，先冲个凉水澡再说。

> 致富的最好方法之一就是通过贷款购买房产，包括房子和营利性财产。
>
> 如果你觉得没有人关心你是否还活着，那你就不还几笔购车贷款试试。
>
> ——厄尔·威尔逊（Earl Wilson）

像经营企业一样管理你的房贷

如果你已经背负了房贷，那么你是否制订了在合适的期限内还清贷款的计划呢？当房主获得了房贷款后，从未有过的大笔花钱机会立刻变得唾手可得。而你获得房贷背负债务之后，你应该制定一个贷款偿还时间表。好的企业总会制定长期或短期的贷款目标，并在规定时间内还清这些贷款。你应该从中获得警示，比如你贷款买了辆汽车，那么你应该在两三年内还清贷款。用于解决长期目标而使用的房产抵押贷款，比如改善家庭条件或者缴纳大学学费，则可以在较长一段时间内还清，比如说 10 年左右。在任何情况下你都要设法避免这样一种状况，那就是永无止境地增加你的贷款。简单来说，不要让房贷变成你理财的地狱。

信用卡还款——迟点总比早点好

传统做法告诉我们：在你把钱存入储蓄账户、养老金计划或者其他地方之前，还清高额利息的信用卡债务应该是你的首要任务。从理财角度来说，这种说法十分正确。当你正在为信用卡支付将近 20% 的利息时，你为什么要把钱放入盈利可能低于 10% 的账户中呢？尽管这种想法对于理财来说是非常好的提议，但是针对到底是该偿还信用卡还是进行储蓄这一难题，我经常鼓励人们用一种不同的且备受争议的方法来解决——两者同时进行。

我有两个理由：一方面，支付未偿还的信用卡贷款、商场消费卡、加油站消费卡等，都是毫无乐趣可言的事情。它每个月都会提醒你在前段时间进行的疯狂消费。根据你的债务金额，你会希望能够用几年时间还清贷款，而这对实现你光明的理财前景是没有多大帮助的。另一方面，将一部分钱，哪怕只是一小部分存起来以备不时之需，总是会让人感到心安的，对那些只有很少或者几乎没有存款的人来说更是如此。以下就是我所设定的延迟还清信用卡债务的策略。

1. 算一算你每月可以节省多少开支来支付信用卡和其他贷款。制定目标时不要好高骛远。量力而为，设定的还款数额要符合你的实际支付能力，而不是一个遥不可及的目标。
2. 根据你的欠款金额，计划把每月存款的 50%~75% 用来支付贷款。你欠下的债务越多，需要偿还的也就越多。你必须避免一件事，那就是每月只支付最低的还款额度。如果你仅仅支付最低还款额度，那么很有可能在住进养老院时，你还没有还清信用卡债务。顺便说一句，你应该尽量不去使用这些信用卡，以免继续增加欠款金额。

3. 为了预防任何可能发生的财务突发事件，你的额外资金应该首先存入你在银行的储蓄账户。这笔用来缓冲的钱必须足以支付至少几个月的信用卡还款额度，以防将来出现资金短缺的状况。

4. 只要你有足够的存款，你就应该把额外资金放进养老金计划。如果你的工作单位提供雇主养老金计划，你就要想尽一切办法参加，这样你就可以享受某些税费优惠政策，说不定你的老板也会给你提供类似的优惠。如果你的工作单位没有提供雇主养老金计划，你也可以每月向个人退休账户存入资金。

5. 如果将来某一天你意外获得了大笔财富，比如加薪、奖金或是收到亲戚给的红包，不要把这件幸福的事情当作借口来增加开支，使得这笔财富付之东流。相反，你可以把这笔财富的 1/3 用来偿还信用卡欠款，1/3 投入养老金计划，剩余 1/3 则可以用来消费。

　　如果你认为晚点儿偿还信用卡欠款是个疯狂的想法，也会有很多人赞同你。毕竟，这个策略会导致更高额的利息费用，并且延长债务偿还时间等。但是比起每月预支贷款然后再偿还，创造一个光明的理财前景需要做的事情则更多。过去那些按照我的策略去做的人，都表示这些策略让他们拥有了一个更加乐观的理财前景，因为除了偿还以前的贷款，他们也在努力地创造未来。有些人还告诉我，第一次加入养老金计划时，他们就有动力每月存进更多的资金。

> 偿还信用卡债务是一个重要的目标，但是为了保障将来的生活，存款也很重要。
>
> 即使要花更长的时间来还清信用卡贷款，你也可以试试还款与存款同时进行。

资金提示 ——➤ **管理好你的助学贷款**

如果你申请了助学贷款，那么你的账单可能比一本字典更厚。不管你的贷款要支付多大额度，你都应该制订计划，想清楚你想花多长时间来还清贷款。你可以把贷款作为一个整体考虑，花 30 年时间还清，但是又有谁愿意花那么长的时间呢？目前没有任何条款是反对提早还清助学贷款的。虽然助学贷款的部分利息是免税的，但是还清贷款所花的时间越长，所需支付的利息也就越高。

如何管理额外资金？ 如果你每次都准时偿还助学贷款，那么当你手头有些额外资金时，你可能会把钱用来继续偿还助学贷款，或者投入雇主养老金计划。你会选择哪一项呢？如果你的助学贷款利息很高，你最好把这笔钱计入你的还款计划。当然，如果你的助学贷款利息不是很高——低于 8%，你也可以把部分或者所有的额外资金都投入雇主养老金计划。这样，至少你所缴纳的部分税款可以减免，如果你的雇主给你提供类似的优惠政策，你也会获得一些免税资金。

> 银行家是晴天把雨伞借给你，雨天又凶巴巴地把伞收回去的那种人。

解决债务问题

要解决债务问题并没有简单的方法，但是在你采取更夸张的行动，比如咨询信用顾问、申请个人破产之前，你必须首先从那些堆积如山的账单中看清自己所处的境况。不管用什么方法，你都能够摆脱这种困境。这并不是世界末日。事实上，很多人都曾经负债累累，但他们往往通过养成良好的理财习惯从而摆脱困境，并拥有光明的理财前景。最精华和最经得住考验的理财教训，往往都是通过痛苦经历学习到的。

首先，试着自己解决问题。以下是可以用来解决财务问题的六大步骤，这里没有捷径可循。你得做好忍受心理上和物质上的双重痛苦的准备。自己解决财务问题比后面提及的其他方法要可取得多。

1. **弄清楚你现在的财务状况**。理清你所有的债务，包括你到目前为止应支付的欠债总额、以后需要支付的金额、过期未付的金额以及最低还款额度要求。

2. **制定预算**。你必须制定一份预算来削减日常生活支出，从而确保完成每月的贷款偿还任务。在偿还住房贷款和支付日常必需消费账单之后，债务偿还应列在紧急预算的第三项。和大部分像你这样陷入财务困境的人一样，如果因为信用卡过多导致问题出现，那么你应该注销大部分信用卡，只留下一两个，但不要注销你最后还清欠款的账户，因为这会影响你的信用声誉。

3. **确定优先顺序**。如果你通过很多渠道获取贷款，而且不确定自己是否有能力按时还清，那就先确定它们的优先顺序。制订一个计划，先偿还最重要的账单并避免因时间延误而支付额外费用。如果一不小心遗漏了最重要的账单，可能会导致你的汽车被收回或者你家的电源被切断。除了为你所有的账单支付最低还款额度，你应该先支付那些利息高的账单（如信用卡）。

4. **与你的债权人沟通**。如果你无法按时偿还贷款，那就联系你的债权人（在他们联系你之前），解释你的境况并制订一个偿还计划。他们可能会允许你暂时减少偿还金额或者推迟支付，也有可能会免除你因时间耽误而收取的额外费用。不要期待出现奇迹，但是如果你让债权人了解你的处境，他们大部分都会体谅你的。同时，不要忽略债权人在任何情况下打来的电话或寄来的信件。债权人希望知道你是在努力解决问题，而不是试图逃避债务。

5. **不要接受债务合并贷款**。债务合并实际上就是通过一项贷款来掩盖所有的债务。用低廉的每月分期付款支付一项贷款，这听起来就像投资顾问说的话——但是换个角度来看，债务合并会让你陷入信用危机。每月支付的额度越低，偿还贷款时间就会越长。此外，合并贷款会让你感到好像无须偿还信用卡债务，这样就会导致更多债务的出现。

6. **不要成为债务"惯犯"**。如果你有能力自己改善信用状况，那么总有一天你可以重新建立雄厚可靠的财务基础。很多人一旦再次拥有较高的信用卡额度，又会陷入以前挥金如土的消费方式。这和成功的减肥者再次恢复到以前的体重没什么区别。保持良好的理财习惯，会帮助你还清贷款——并且是大笔贷款。

如果是你自己认识到该存钱了，这样存钱就会变得容易得多。（如果你的债务问题的根源是一些不可控因素，并且你已经知道存钱的重要性也珍惜继续存钱的机会。）积累一些存款会让你感觉不错，当你的财务状况再次出现问题时，你的存款就能更快地改善这种糟糕的状况。记住，在你养成花的比挣的少的习惯之前一定要靠自己的能力生活，否则你不会存下一分钱。

你如果发现自己无法偿还债务——仅凭你现在的收入，这已经超出了你解决问题的能力范围，那就再次与你的债权人沟通。联系每一位债权人，向他们解释你为什么推迟还款。他们也许会给你安排一个更简单的还款计划。如果你努力偿还债务而不是逃避，那么很多债权人都会同意给你安排合理的还款计划，这样他们就可以慢慢地收回自己的资金。很多债权人都倾向于这种方式，因为与之相比，诉诸法庭不仅浪费时间，而且从长远来说也让他们损失更多。

接下来，试试信用咨询。如果你自己无法解决财务问题，那么下一步就是咨询信用顾问。很多机构都提供这种咨询服务，包括很多银行、财富管理服务机构和非营利性消费者信用咨询机构。如果你只是稍微拖延还款时间，那么这些机构会帮你制订一个再次还款计划，他们每月会从中收取少许费用。每个月他们都会从你的账户中取出应付金额，并把钱分给债权人。同时，他们也会和你的债权人协商，说服他们同意延迟偿还或者相对减少应付贷款。顺便说一句，确保你是在和一个来自非营利性消费者信用咨询服务机构的信用顾问打交道，因为在美国有很多吹牛者声称自己是信用顾问，他们有着熟练老套的广告攻势，但只会给你制造更大的麻烦。

记住一件重要的事情：如果你咨询了消费者信用咨询机构，那么这个机构会上报信用评级部门并在你的信用记录里记上一笔。但这并不妨碍你咨询信用咨询服务机构，尤其是当你只能在向银行申请破产和向咨询机构求助之间做选择时。如果最后你只能选择申请破产，那么还是先试试信用咨询吧。

其他方法都失效时，申请个人破产。如果你发现个人努力和信用咨询都无法解决你现在的问题，那么申请个人破产可能是你唯一的选择。有些律师把它说得很轻巧，但是你只能把它看作最后的出路。破产绝对不是世界末日，但是至少在几年之内它会阻挠你获得信用。

> ■
>
> 　如果你债务缠身，不要逃避它。有计划地迎接挑战，才能拥有光明的理财前景。

提高你的信用等级

　　如果你的信用等级经得起检验，下面列出的方法可以帮助你提高信用等级。不要想着走捷径，现在就行动吧，改善你的信用记录可以使你以后在更有利的条件下获得贷款。

　　首先，核查你的信用报告是否有误。 仔细检查每份报告，根据报告附带的争议表格的具体要求填写并修改错误信息。信用部门会调查你所质疑的内容并改正信用报告上的所有错误信息。

　　其次，按时履行当前义务。 信用记录上的任何污点都有可能是由于拖欠偿还贷款引起的。这种不良记录会长年出现在你的信用报告上，如果这种事只是在过去偶尔发生，但现在你一直保持按时还款的良好信用记录，那么信用卡公司和其他债权人会原谅你的过错。因此，最重要的就是每月按时还款——提前还款会更有利，即使只是偿还最低金额。

　　最后，采取行动提高你的信誉。 这一步的目标就是让授信方（信用授予者）看到你正在债务管理方面不断取得进展。有些公司可能会将你的信用报告提供给信用评级部门。也有些公司不会这么做，比如银行等机构。特别要注意的是，你必须管理好贷款欠款额度。将欠款额度尽量减到最低，理想状态是保持在可允许的最大欠款金额的50%以下。最后，你会养成每月按时支付的习惯，但也许授信方不会欣赏这个习惯——就跟一个无赖汉一样，但是信用部门会的。

如果以前你在偿还信用卡贷款方面有过麻烦，你可能会找一些不太合适的理由把信用卡退还给信用卡公司。但是销户可能会影响你的信用等级，因为信用部门会考虑欠款总额和可利用的信用总额之间的比率。因此，保存好已经还清债务的信用卡，同时记住没有条款规定你必须使用它。事实上，报复信用卡公司最好的方法就是不使用信用卡。它们不会在信用卡开户时收取任何费用，也就不能从你身上收到任何利息。你如果最终还是想取消一些账户，别急，慢慢来，先取消最近开设的账户。保留以前的账户，因为这说明你已经有较长的信用历史了。

给信用历史优劣参半人士的特别提醒。如果你过去有过严重的信用问题，也许是贷款坏账（坏账是指已确定无法收回的应收账款）或是破产，那你也不要绝望。你可以很快重建你的信用——甚至比你想象的更快。如果你没有资格申请普通的信用卡，那么就使用担保信用卡。任何贷款欠款都由你和信用卡公司商定的抵押财产作为担保，此外，担保信用卡的运作和普通信用卡没什么两样。同时，你应该在银行开设一个储蓄账户，让大家知道你正在努力创造更好的理财前景，让潜在的债权人知道你有足够的闲置资金来偿还将来的债务。更重要的是，不要放弃，很多人在短短几年内就能转变糟糕的信用记录，这样的故事比比皆是。有些人甚至在申请破产后 3 年内就有资格获取财产抵押贷款。

采取行动改善信用状况，可以让你更容易实现将来的重要理财目标。

如今世人可以分为三种——富人、穷人和尚未为自己所拥有的一切付款的人。

——厄尔·威尔逊

---

05 | 储蓄

制订成功的理财计划需要注意两个重要方面：控制债务、扩大投保范围，但是这些都没有定期存款和谨慎投资重要。这个事实让人备受打击，因为你认为自己并没有足够的存款，而且眼前的个人退休账户已经让你犯糊涂了。这一章将阐述小额储蓄也能积聚大额养老金的道理。同时，作为个人退休账户，你也会学到如何通过投资获得最大限度的税收优惠。

龟兔赛跑，慢慢变富

下面这句话你大概听过很多次，把钱最大限度地投到可行的养老金计划中是最重要的资金利用方式。让我们来算算这样做的总费用。以美国员工为例，一名普通员工可以向 401（k）或 403（b）雇主养老金计划存款 15 000 美元（年龄 50 岁及以上的投资者存款上限稍高），另外 5 000 美元或 6 000 美元则存入个人退休账户。这样，每人总共需要大概 2 万美元（如果是双职工家庭则需要 4 万美元）。如果每周可以节省你认为退休后才用得着的几百美元，那也很好。如果有人说："我无法每周省你们说的必须节约的 385 美元，为什么我还要这么劳师动众地为将来存钱呢？我想我的黄金年华注定要在金色拱门（麦当劳的标志）下度过了。"这是完全可以理解的。

想想你的退休生活，你将和荷尔蒙分泌过剩的年轻人一起度过，但在这之前请记住在你的理财生涯中不能有"要么/或者"这种决定。这不是一个"我要么存入一笔无法负担的存款金额，要么注定过着清苦的生活，这样一来为什么还要存钱呢?"的问题。相反，先存入一部分钱，之后随着收入增加存款也相应增加，同时你要尽量控制生活开支。实际上，即使你想积累一笔巨额养老金，你可能也用不着每周节约385美元。

以下是一组论证，如果你一开始每周存入100美元，以后每年增加5%，并把钱用来合理投资，平均每年增长8%，算算你可以积累多少资金。

存钱期限（年）	总资金（美元）
15	200 000
20	400 000
25	700 000
30	1 200 000
35	2 200 000
40	3 800 000

如果你现在可以一周节省100美元，你可能还是不太相信一年内会增加8%的存款，但这其实并不困难。第一年之后，你需要每周多存入5美元——相当于一周存入一杯咖啡的钱。第二年之后，每年增加5%，那么你不得不多存5.25美元。第三年之后就是再多存入5.75美元。你应该可以负担得起，事实上，一旦你养成了储蓄习惯并从中获得满足感，你很有可能每年主动增加多于5%的存款。

如果每周100美元比你所能承受的要多一些，那么开始时就存少点，重要的是养成储蓄习惯。

慢慢增加你的存款可以积累大量财富，即使开始只是一小笔钱。

存钱和投资之间有很大的不同，定期存款和谨慎投资是实现我们所追求的财务自由的重要因素，认识到两者的相互独立性很重要。除非是钱无缘无故地出现在你家门口，或者是你很幸运得到了亲戚给的红包，否则要投资就必须存钱（比如多赚少花）。但是有些非常擅长存钱的人对于投资并不在行，他们可能认为把钱省下来并坚持存入储蓄账户已经足够了。当然，比起不存钱，省钱和把钱存进低收益的储蓄账户自然是好得多。然而，如果你的存款增长率低于通货膨胀率，你就不可能实现理财梦想——如果你使用储蓄账户或定期存款，那么你的存款增长率很有可能低于通货膨胀率。如果你对投资感到不放心或是对投资一无所知，第 6 章会帮助你成为一个理性的投资者，而第 7 章会告诉你如何成为一个成功的投资者。

> 记住，钱能生钱。钱生钱，所生之钱又能生钱，往复不止。
>
> ——本杰明·富兰克林

最大化地利用资金

你尝试运用长远眼光选择和管理你的投资并从中获益，但有时你希望自己接下来几个月或是一两年内进行投资时不会承担损失一大笔钱的风险。在短期投资或现金等值投资的一系列方法下，资本市场给人们提供了很多选择，现金等值投资在华尔街词典中有所介绍，它常常需要支付适当的利息，但失去本金的风险很小，甚至没有风险。虽然货币市场共同基金和短期债券共同基金并不引人注意，但它们都是低风险的投资方式——货币市场共同基金没有风险，短期债券共同基金的风险很小。定期存款和短期国库券则是另一种情况，它们都会到期，但如果你在到期日之前兑现了这些投资，你的本金应该不会损失很多。通过仔细比较不同短期投资有价证券之间的收益率，你可以最大化地利用你的资金。毕竟，如果通过其他安全可靠的短期投资可以获得两倍或是更多的回报，为什么还要满足于 2% 的储蓄账户回报率呢？事实上，如果你有很多短期投资，你就可以很快从一个转换到另一个，而不必考虑资本利得税或其他费用。

寻找最佳回报率。和股票、债券投资不同，短期投资十分简单易懂，只要稍微花点工夫，你就可以最大限度地利用这些平凡的投资方式。以下几点建议可以帮助你充分利用短期投资。

- 选购定期存款。你如果正在选购定期存款，那么多去几个地方转转，这会让你有所收获。首先，比较一下各家银行之间的利率——如今银行与银行之间竞争日益激烈。你如果有投资顾问，和他核对一下投资公司可能会有的定期存款报价。另外，有些网站会列出全国范围内收益率较高的定期存款产品，看看这些网站所列的目录。美国投资者请记住，只要开证银行是经过美国联邦储蓄保险公司（Federal Deposit Insurance Corporation）确认的，或者如果由信用合作社出价，则由信用合作社保险公司背书，你就不用担心存款产品是从哪儿来的了，只需关注最佳收益率。

- 比较货币市场基金的收益率。如果你拥有一个共同基金账户，同时投资顾问向你推荐了各种各样的货币市场基金，那么你要先比较它们之间的收益率，确保你选择的基金提供最佳税后回报率。这可能要求你定期比较不同货币市场基金之间的回报率，如果通过转换不同的货币市场基金可以提高你的回报率，你还等什么呢？

- 购买短期国债。如果你定期购买国债，那么就比较一下你的银行和投资公司的费用吧。注意查看在线购买国库券的相关信息。如果你不想从财政部在线购买国债。

把部分资金投入低风险的投资产品是十分可惜的，虽然你换来了财务保障，但牺牲了投资回报。然而，你能够用这笔资金去冒更大的风险吗？比如，你有 25 000 美元的学费账单，明年到期。问问自己，如果糟糕的股票市场在你投资 25 000 美元的时候下跌了 20%，这会给你带来多大的损失。如果你还有足够的其他资金来源，那么损失 5 000 美元左右的学费并不是什么大问题，这种情况下你应该把钱用来投资股票市场，而不是选择低收益的短期投资产品。你的确有可能损失部分资金，但是由于股票市场上涨的概率远大于下跌的概率，因此你仍然有机会获得可观的投资回报。

过多的紧急备用金也许是一种浪费

你的父母或其他好心人可能已经告诉过你，留出紧急备用金非常重要。当你遇到紧急情况需要现金时，紧急备用金可以帮你的忙。但是仅仅为了防备可能永远也不会出现的财务危机，就把钱存入低利息或无利息的账户中，这种做法并没有必要。

为了应对财务危机，你让 5 000 美元现金慢慢"萎缩"，而没有将这些钱用来投资以获得 7% 的回报率。以下是你将失去的投资收入：

期限（年）	失去的投资收入（美元）
5	2 000
10	10 000
20	14 000
30	33 000
40	70 000

多么浪费啊！如果你留出了一部分紧急备用金，那么停止这疯狂的举动吧。用这些钱来投资共同基金或是其他可能在几年内使资金增值的有价证券，至少也要把钱投入货币市场基金或是定期存款。如果财务危机真的发生了（那些你急于想买的大减价商品并不会造成财务危机），你可以一两天花一次钱，就算要花，每次也不会花很多来上缴罚款或是税款。

06 | 投资

明智合理的投资是实现理财梦想的关键。不管你是对投资一窍不通的初学者，还是迷恋投资的专业人士，都可以在这一章和下一章中找到很多妙招和提示，来成为一名更好的投资者。从还清欠款到投资保险，从支付大学学费到规划退休生活，投资是一个需要你经常关注的领域。但是，别把投资想得太复杂，在接下来的内容中你会发现，只要遵循某些原则，投资就不是一件难事。实际上，成为一名投资者是非常幸福的，因为即使只是拿一小部分钱去投资，也有很多种投资方式。

利用 6 种投资产品建立最佳投资组合

多元化投资是指为了降低损失巨额财产的风险，将资金分散投资。经过论证，它是实现成功投资最重要的因素，但是很多投资者（包括他们的投资顾问）并没有足够重视它。这真令人感到可惜，因为多元化投资并不是很复杂。实际上，只需要 6 种投资产品，你就可以建立一个最佳的多元投资组合。

1. 大型企业股票基金。
2. 中型企业股票基金。
3. 小型企业股票基金。

4. 国际股票基金。

5. 公司债券基金。

6. 政府债券基金。

如果你想了解它们，可以先从以下信息入手。

- **大型企业股票**。大型企业股票（或大盘股）基金主要用于投资制度完善的大企业发行的股票，这里的大企业通常指总市值高于100亿美元并在证券交易所上市的企业。由于规模较大，大型企业股票的增值并不会像中小型企业股票那样快，但是比起其他股票类型，大型企业股票相对稳定，因此投资者都会考虑把大型企业股票囊括进他们的投资组合。通常情况下大型企业股票支付股息，当股票价格下跌时，它的跌幅比起其他类型股票更小。

- **中型企业股票**。中型企业股票是指总市值在20亿～100亿美元的企业发行的股票。和小型企业股票一样，它们具有增值潜力，尤其在较长时间内更具增值优势。

- **小型企业股票**。投资者买入小型企业股票（总市值在20亿美元以内的企业），主要是因为它们具有增值潜力。相对来说，很多企业都刚成立不久，它们在市场中的表现很难预测。由于规模小，企业的财力变化可以极大地影响股票价格。如果企业成功，这些投资可以产生巨大的收益。

- **国际股票**。国际股票是指跨国企业发行的股票。有些人在美国证券交易所就美国存托凭证（American Depository Receipts，简称ADR，是面向美国投资者发行并在美国证券市场交易的存托凭证）进行交易，但大部分人是在海外证券交易所进行交易。将国际股票加入你的投资组合可以提高投资的多元化水平。很多杰出的跨国企业都从繁荣的世界经济中受益。由于世界的不平衡发展，即使是在美国经济不景气的时期，这些企业也能有效运作。

- **公司债券**。从名称中可以清楚地看出，这是由公司发行的债券。基于发行公司的财力，这种债券主要有两种类型：一是投资型公司债券（investment-grade corporate bonds），这种公司债券风险不大，质量较高，并提供利息收入；二是高收益公司债券（high-yield corporate bonds），由财力较弱的公司发行。后者（也被称为"垃圾债券"）虽然支付较高利息，但是违约风险也会较大——换句话说，你的投资可能血本无归。

- **政府债券**。尽管与其他债券和债券基金一样，政府债券的价值也会随着利率浮动，但是凭借政府的信用和信任支持，这种债券在避免债券违约方面采取了一系列保护措施。美国的政府债券有两种类型：第一类美国国库债券（很多情况下被称为中期国库券而不是债券）最广为人知；第二类美国政府债券就是抵押债券/抵押贷款证券化（简称 MBS），比如由美国国家抵押贷款协会（Government National Mortgage Association，简称 GN-MA）发行的债券，同时也有很多由不同政府机构发行的政府机构债券。

现在你对各种投资类别有了初步了解，接下来让我们把注意力转向如何在这几种投资类别之间进行资金分配。下面的表格说明了"60% 的资金投资股票，40% 投资债券"的多元化投资组合方式，这种方式长期以来都被认为是良好的起点。

投资类别	资金占比（%）
大型企业股票基金	30
中型企业股票基金	10
小型企业股票基金	10
国际股票基金	10
全部股票投资	60
公司债券基金	20
政府债券基金	20
全部债券投资	40
总投资	100

以下是组成合理的多元化投资组合的其他几种投资产品，供你选择。

- 开放式共同基金。
- 指数基金或交易型开放式指数基金（ETF）。
- 生活方式基金或目标基金。
- 股票和债券。

不要赌博！将你所有的存款用来购买具有增值潜力的股票，等股票上涨后再抛出，如果这只股票不会上涨，千万别买。

——威尔·罗杰士（Will Rogers）

投资共同基金

不管你或你的投资顾问采取积极行动，还是先不采取行动，选择自动调节型基金让其他人来做这些工作，或是你非常满足于用封闭式指数基金和交易型开放式指数基金赚取固定收益，投资共同基金都是一个很棒的选择。

普通的共同基金提供了价格低廉、管理专业而且包括股票、债券和其他投资产品在内的多元化投资组合。但并不是所有的共同基金都一样，当选购共同基金时，你应该考虑以下重要事项。

- 对你的共同基金中含有的投资类别了如指掌。你的共同基金中是否含有股票、债券或现金（比如短期国债或大额银行定期存款)？
- 了解风险。股票比债券风险大，而债券的风险比现金大。
- 评估你的目标以及投资所需时间。如果你已经退休了，你可能认为自己应该进行短期投资。但是请记住你应该制订理财计划，这样做至少能保证到了 90 岁你还能养活自己。你需要资金来投资股票，因为你想让你的资金和通货膨胀至少保持同步增长。而就算有增长空间，债券和现金也不会有很大增长。
- 你的投资时间越长，你就越可以选择风险更大的投资方式，比如股票投资，因为你有更多时间挽回损失。
- 如果不愿意冒风险，人们一般不会投资价格低廉、收益巨大的基金。价格最低的基金通常是以资产净值出售的（即没有出售或赎回变化的基金）。你可以通过共同基金公司网站来购买以资产净值出售的基金。但是不管你是自己购买基金，还是通过投资顾问，一定不要忽略费用比率（作为基金投资一部分的年费）。高额的基金费用会部分抵消你的投资利润。

- 逐年比较基金收益，以及3年、5年、10年期的年平均基金收益。找出收益持续增长的基金。
- 通过对比同等基金以及市场指数的运转来比较基金。最受美国人欢迎的股票市场指数之一是标准普尔综合指数。将目标设定在价格低廉的基金，这类基金运作稳定，可以成功对抗类似的基金及其基准指数。符合这些标准的基金有很多，但是要找出它们确实需要下一番功夫。
- 避免同时投资拥有相同股票或债券的共同基金。
- 小心那些投资单一行业或单一国家的共同基金，要选择那些"广撒网"的基金，至少要避免把太多的资金买入那些投资市场领域狭窄的基金。
- 以不同的风险水平投资不同的基金种类，建立一个风险较低的投资组合，这就是投资多元化。投资多元化是提高投资收益的关键，它可以使你的投资在走低的市场中避免遭受巨额损失。
- 考虑自动美元平均成本法，或者定期将你的资金从储蓄账户取出来投资共同基金。通过这种方式，当价格降低时你可以买进更多的股票。
- 记录你的共同基金的投资表现，并且至少每年与其他类似的基金进行比较。同时，确保你的多元化投资顺利进行。一旦达到了这个绝妙的目标，市场出现任何问题，你都不会惊慌。因为你还有很多其他的投资来降低损失。
- 互联网是搜索共同基金信息的绝好资源，其中筛选功能可以帮助你以基金类型、费用和表现为基础来选择基金。

> 你对共同基金了解得越多，你就能越快实现你的投资目标。

闲钱有必要放到低收益率的产品里吗

核查一下你利用存入银行或理财账户中的闲置资金赚取了多少利息。如果你不想接受所看到的一切，你很有可能会获得更好的收益，而不用转到另外的机构进行再投资。

- 如果你在银行有存款，大部分银行都会对储蓄账户中的现金支付少得可怜的利息。比如，我最近收到了一封电子邮件，这封邮件来自一个拥有 75 000 美元存款的人，但他仅获得了 1.5% 的利息。我对这个可怜人的建议和对你的建议一样，那就是：除非你绝对确定你会在短期内使用这笔钱，否则你应该将它放入半年或 1 年期定期存款。

- 如果你在基金账户中有存款，我希望你在基金账户中的闲置资金，能够自动"卷"入利息较高的货币市场共同基金。遗憾的是，一些机构将现金放在低收益的储蓄账户中——这特别适用于小型账户。如果你发现自己处于这种情况，搞清楚你的资金是否可以投入收益更高的货币市场共同基金。如果这是不可能实现的，也许你应该进行定期存款。

当你还有很多其他投资选择时，没有理由让闲置资金在很少或几乎没有利息的账户中缩水。

■

如果上帝能给我显现一些神迹该多好！比如在瑞士银行以我的名字存一大笔钱。

——伍迪·艾伦（Woody Allan）

你属于哪类投资者

下面的问题可以测试你应对投资风险的能力。

1. 简要说明哪种投资组合最适合你，下面的解释会帮你识别你的投资组合：

   - 保守型投资者会非常注重稳定增长，即使这意味着有时回报率会较低。保守型投资者面对股价涨跌时不像其他投资者那样应对自如。
   - 进取型投资者想要获得更高的长期投资回报，即使这意味着他的投资会经历短期波动。
   - 平稳型投资者想要在赚取诱人的长期投资回报和降低价值浮动之间保持平衡。

   （请仅选择其中 1 个选项。）
   - □ 非常保守（1）
   - □ 保守（2）
   - □ 平稳（3）
   - □ 进取（4）
   - □ 非常进取（5）

2. 如果你买的股票在一年内价格翻了一倍，你会：
   - □ 卖掉所有股份（1）
   - □ 卖掉一半股份（2）
   - □ 一点股份都不卖（3）
   - □ 买进更多股份（2）

3. 在市场调整的时候，一项投资在你买进后一个月就损失了15% 的价值，假设你投资的公司没有发生重大改变，这仅仅是股票市场经历的一次大幅度下跌，你会：

☐ 不采取任何行动直到价格回升（4）

☐ 卖了它，如果它持续下跌就不必担心了（1）

☐ 卖掉一半，把钱投资给其他项目（3）

☐ 等到股票市场回升再把它卖掉（2）

☐ 既然现在股票的定价更有吸引力，就买进更多的股份（5）

4. 3种投资方式在2年内（8个季度）的投资增长率如下表所示，你更愿意投资哪一个？

☐ 投资 A（5）

☐ 投资 B（1）

☐ 投资 C（3）

	A（%）	B（%）	C（%）
第一季度	+8	+1	+3
第二季度	−3	+1	+2
第三季度	+11	+1	0
第四季度	+11	+1	+2
第五季度	−12	+1	−1
第六季度	+21	+1	+2
第七季度	6	+1	+1
第八季度	+7	+1	+3

5. 对你来说让投资回报率打败通货膨胀率有多重要？

（请仅选择其中 1 个选项。）

□ 坚守我的原则比打败通货膨胀更重要。（1）

□ 其他投资选择，如获得利息和股息收入，比打败通货膨胀更重要。（2）

□ 打败通货膨胀应该和其他投资选择，如获得股息收入和利息，保持平衡。（3）

□ 打败通货膨胀很重要，但应该谨慎对待风险。（4）

□ 打败通货膨胀对实现我的投资目标很重要。（5）

在核对了你的答案之后，把分数填在下面的横线上，并计算总分。

1. _____

2. _____

3. _____

4. _____

5. _____

总分_____

如果你的总分在 10 分及以下，那么你属于保守型投资者。

如果你的总分在 11 分到 19 分之间，那么你属于平稳型投资者。

如果你的总分在 20 分及以上，那么你属于进取型投资者。

我很希望你的结果和你在第一个问题中暗示的一样，但如果不是这样，你应对风险的能力可能和你原来想象的不同。

了解你应对风险的能力，有助于你做出适合自己的投资决策。另一方面，不要让你对投资的反感和其他个人喜好使你的投资陷入绝境。换句话说，保守型投资者不应该避开股票，进取型投资者也可能无法承受全部资金都投资于股票的风险。

> 判断你面对资本市场波动时的应对能力，会帮助你制订一个"能让你睡个好觉"的投资计划。
>
> ■
>
> 没有什么可以像正确的判断一样能使你长期获益，没有哪个正确的判断可以由那些被瞬息万变的股票交易所干扰的人做出，让他们尝尝类似中暑的滋味。你所看到的不一定是真的，你没看到的不一定是假的。
>
> ——安德鲁·卡内基（Andrew Carnegie）

初学者更要好好学习投资

如果你是投资初学者，且受限于资金不足，不要只盯着你在储蓄账户中的资金。的确，很多共同基金需要至少 2 万美元或者更多作为启动资金，但是有很多方法可以克服这个障碍。你可以像专业人士一样进行投资，哪怕只有 1 美元，然后再逐步发展。如果你是从零开始，那么你不要害羞，如果你的父母或祖父母可以支付这笔投资费用，大胆地向他们寻求帮助，至少可以暗示他们。比如："我真的很想开始投资，我现在只缺启动资金了。"当你和父母交谈时，这句话可能更加有效："我非常渴望攒些钱，但是除非我有足够的启动资金，否则我只能先搬回家住上几年，然后再慢慢开始我的投资。"这样会让哪怕是最吝啬的父母都愿意慷慨解囊。

即使你对投资不是很在行也没关系，下面就是进行理智投资的一些方法。

1. **花些工夫学习如何投资**。这一章和下一章中介绍的内容，会帮助你学习成功投资必要的术语和策略。如果你确实是从零开始学起——你甚至不知道股票和债券的区别，你一定要学习一些投资基础知识。要想成为一名聪明的投资者，你并不需要成为投资专家，但是你应该努力学习尽可能多的投资知识。这是值得你花时间和精力的，因为你可以从中获利。

2. **调查小额投资的最佳领域**。对资本市场进行简单调查可以发现很多小额投资的机会，依据个人情况，以下选择供你考虑。

   - **雇主养老金计划**。如果你的公司给你提供了雇主养老金计划，这往往是你开始投资的最好方式。首先，由于你已经向公司申请将你的缴费从工资中扣除，所以你不需要再多投入一分钱。你当然也可以投入至少 1% 到你的储蓄计划中，不是吗？这样做，你不仅可以为将来的退休生活攒钱，而且还可以减少个人所得税。

   - **低起点共同基金**。在美国，大多数共同基金都会有非常高的初始投资要求，有些则可以让你投资更为适中的金额，常常从 500 美元开始。通常情况下，个人退休账户的低起点投资要求低于经纪人账户，从个人退休账户开始来进行你的投资项目，是个不错的方法，特别是当你没有雇主养老金计划时。

   - **低风险计息投资**。即使你对投资养老金计划或共同基金不太有把握，或者你倾向于把钱存起来预防财务危机的发生，也不要把你的资金存入支票账户或者一些存款利息少得可怜的银行账户。你可以把钱投入半年或 1 年期的银行存款单，或者对初学者来说可以开立一个经纪人账户或共同基金账户。如果你需要使用资金，把钱从存款单取出可能只会被征收低价利息罚款，你就可以利用这种方法，在几乎不用花钱的情况下，利用这笔资金。

找到有效地利用你有限资金的投资产品就等于打了一半的胜仗，另一半就是找到多元化利用资金的投资方式。一般来说，为了把你的资金分配到各种投资类别中，比如大型企业股票、国际股票和公司债券，你需要2万美元或者更多。但是现在情况已经不同了，你有很多方式来利用短期借款使投资多元化。请继续读下去。

3. **考虑那些提供"直接"多元化的投资。** 对初学者来说，确保你的投资充分多元化是一个挑战。把所有的资金用于投资单一共同基金，你将面临损失一大笔资金的风险。当然，即使你没有很多钱可以损失，但这是你所有的积蓄，为什么你不在投资生涯的早期就养成良好的多元化投资习惯呢？幸运的是，我们可以用同一种基金实现多元化投资。

- **生活方式基金**会根据你应对投资风险的能力，使你的资金在不同的资产类别中实现多元化投资。
- **目标基金**可以根据你的计划退休日期——甚至是几十年之后，使你的投资多元化并慢慢调整资产类别。
- **平衡基金**会将你的资金进行分配——60% 投资大型企业股票，40% 投资美国政府和公司债券。你的雇主养老金计划可能会提供这些基金，如果没有，你选择的共同基金公司或股票经纪人公司也会向你提供这些基金。生活方式基金和目标基金在下文会有进一步的讨论。

当你在存钱和投资上所做的努力开始见效时，你可以增加投资资金储备，如果你的做法正确，这可以帮助你提高多元化水平，增加投资收益。以下是一些例子。

- 除了股票和债券，你可以通过其他投资，比如投资房地产基金来扩大你的投资领域。详细内容见下一章。
- 如果你认为特定的行业，比如高科技或医疗，会获得极高的收益，你可以涉足"行业基金"。更多关于产业投资的建议见下一章。
- 除了共同基金，你还可以尝试投资股票和债券。决定何时增加个人有价证券会在下一章有所涉及。

拥有必要的投资资金来扩大你的投资范围，会帮助你明白谚语"富者更富"的含义。祝你在投资旅途上交好运。

绝妙的首次投资选择

- 投资生活方式基金。
- 投资目标基金。
- 投资平衡基金。

资金提示 ——> **避开那些认为自己可以预测资本市场未来的人**

总有一些人认为他们可以预测资本市场的未来，这些人声称他们有市场变化时间表——想要向你兜售一些东西或者推销他们的公司，或者更有可能是具有欺骗性的。精确预测资本市场的运作是不可能的，特别是在短期内。

因此，我建议你避开这些人，他们总是想说服你相信他们可以预测未来的股票市场或利息率，或者可以滔滔不绝地谈论某只特定股票的投资前景。据说一个非常受欢迎的电视股票预测者拥有49%的成功率。事实上，抛掷硬币进行投资决策也有相近的成功率，但还是有很多人相信他们说的一切。然而，值得赞扬的是，他们激起了很多投资者对股票市场的兴趣，特别是年轻人。

不要基于某些人（有胆量说自己可以预测未来的人）的观点进行投资，和盲目追随某人的荒谬预言同样糟糕的是随波逐流。20世纪90年代末正是美国群众的奢念哄抬了股票价格，而和普通大众的做法相反，或许可以让你摆脱麻烦。换句话说，当民众都为股票上涨高兴时，把它们抛掉，而当民众都为股票下跌而闷闷不乐时，买进股票。这很难做到，但是如果你能鼓足勇气做到这一条，你的财务状况很有可能会转好。这被称为"逆向投资"。

> 和政治家谈经济，就像和8岁的小孩谈性知识。他们听到了你说的每个字，却没有任何触动。
>
> ——迈克尔·阿罗斯坦（Michael Aronstein）

投资收益达到平均水平即可

调查显示了一个被忽略的投资事实：要赚钱，你不一定非得成为专业投资。大部分共同基金以前景看好的市场回报率来诱惑投资者，然而大量证据证明，大部分基金没有达到平均水平之上的回报率。主动选择股票的投资方式不利于投资表现。指数基金和ETF——被动反映某种特定指数投资表现的共同基金，比如道琼斯指数或标准普尔综合指数，常常被认为是更好的投资。指数基金由基金公司出售，而ETF则在证券交易所交易。

谁愿意处于平均水平之下？大部分开放式共同基金，包括很多被金融媒体大肆宣传和投资界大力推荐的基金，没有达到基准指数水平。在上升的市场中，大部分开放式共同基金没有它们的同类指数赚取的收益多。这已经够糟糕了，但是在走低的市场中，大部分开放式共同基金比它们的同类指数要损失更多的资金。这难道不更糟糕吗？

研究表明，前面提到的共同基金投资收益表现，从大型企业股票中精选的共同基金——主要指遵循标准普尔综合指数的大公司，在过去几年中有7/10获得的回报率都在平均水平之下。在投资中型和小型企业的开放式基金中，8/10都是落后者。几乎2/3的国际股票基金都达不到它们的基准水平。简而言之，指数基金一次又一次地打败了共同基金。

从概念上看，指数基金和ETF有点枯燥，顶多就是随着市场的上升而上升，下跌而下跌。简而言之，它们很平凡，但平凡也是美丽的。

指数基金和ETF应该被认真对待，如果你指望购买和持有投资证券提供的优质回报率来帮助你安稳度过退休生活。以下是原因分析。

- **指数基金和ETF很便宜。**共同基金收费越高，你的回报率就越低。指数基金越来越受欢迎的原因之一就是大部分指数基金收费较低，而且也不应该很高。由于它是被动管理的，不需要研究股票，也不需要思考和应用某些策略，因此指数基金的公司里只有少数雇员，费用也不高。简而言之，要找到年费只是共同基金费用的一小部分的指数基金或ETF是很容易的。既然这些基金本身持有的股份不会大量出售，这些基金就不必向其股份持有者提供高资本收益，否则它们就不得不缴纳税款。

- **指数基金和 ETF 意味着更少的压力**。多元化投资对那些需要积累并守护存款的人来说很重要。典型意义上说，股票和债券不会在同一年中降低价值。不管你是一个多么没有耐心的投资者，坚持多元化的投资组合都是资产增值最好的方法。不管你有多么谨慎或是进取，适当进行多元化投资仍是抵抗通货膨胀、提高投资收益的方法。

尽管股票和债券的问题是，它们诱惑投资者去进行市场择机，也就是说，在资本市场中跳进跳出，但低价买进高价卖出却毫无收获。这些打败市场的努力会有损回报率。如果不出意料，个人投资者预测市场动向比专业人士好不了多少。

指数基金和 ETF 不会保护你免受市场波动的影响，但是当你利用它们进行多元化投资时，它们可以让你稍微安心一点。你永远不必担心你的基金会遭受超过平均水平的损失，因为指数基金和交易型开放式指数基金属于平均水平。当打算把钱从落后产业转到最近较成功的产业时，记住市场给你的教训：没有人可以预测未来。

- **获得平均回报率是件好事**。打败市场平均水平是有可能的，但是这样做需要更多的时间和资金——你可能不愿意花费这些时间和资金。有些基金管理人可以打败市场平均水平，但是大部分做不到。甚至很多过去辉煌过的投资者将来也不一定会成功，每年都会有很多曾经成功的基金管理人以破产告终。

你不应该依靠股票市场来指导你的投资，而应该选择市场自身来调节——它的总趋势是以超过通货膨胀的速度上涨。

- **选择是一瞬间的事**。对那些追求效率的人来说，对近两万种开放式共同基金进行分类是一个挑战。这个选择对于指数基金和

ETF 来说则非常容易。选择那些通过最主要的指数给你提供直接多元化的基金。以下是美国市场最大、最主要、最有用的基准基金。

威尔逊 5000 指数（Wilshire 5000 Index）包含在主要交易所交易的几乎所有的美国股票。基于这一指数的基金通常被叫作"整体股票市场指数基金"。

标准普尔 500 指数（S&P 500）常常被媒体解读当前股市表现时所引用。（另一个被引用的是道琼斯工业平均指数，它包含 30 种股票。）

罗素 2000 指数（低市值股票的指标）选择了 3 000 家经常性交易的美国最大的公司中相对较小的 2 000 家，使它成为小公司（也被称为小资本型或小型股）指数基金的基准。

摩根欧澳远东指数（MSCI EAFE Index）是摩根士丹利国际资本指数在欧洲、澳大利亚和远东指数的国际代表。这个大型指数包含了 21 个国家指数，它们代表大多数发展完善的海外市场。

雷曼兄弟综合债券指数包括美国政府的、公司的和有抵押的债券。大多数整体债券市场指数基金都以此为基础。

有些基金从严格意义上说不是指数基金，而是为了打败指数而持有的基金。通过取消这些分类，你可以进一步简化你的选择。这些所谓的"升级的"指数基金实际上是主动选择股票的一种形式。

谈到市场表现时，没有绝对的事情——展望 10 年或更远的资本市场，平均来说股票的投资表现非常好。指数基金和交易型开放式指数基金都利用了这个历史事实，按照市场的要求运行。在这种情况下，跟随大众的脚步对你来说可能是正确的做法。

> 指数基金和 ETF 可以做到的最好的事，是达到平均投资收益水平。达到平均水平是件好事，特别是当你想要转移你的投资时。
>
> ■
>
> "掌握"足够的内幕消息和 100 万美元，你就可以在一年内破产。
>
> ——沃伦·巴菲特

构建你的投资组合

出于某种原因，所谓的"生命周期基金"可以像野草一样增长，因为你可以投资于（即使是一小部分资金）单一基金。

- 在几种重要的投资类别中进行多元化投资。
- 持有具有固定投资表现记录的共同基金或开放式个人股票和债券。
- 定期重新调整配置你所持有的基金组合。

很多共同基金公司都推出了生命周期基金。这类基金在参加了企业养老金计划，比如 401（k）、403（b）和避税年金（TSA）的人群中变得越来越受欢迎。最具吸引力的是，投资者可以投资于单一的多功能基金，而不是不得不从一长串养老金储蓄计划组合中进行挑选。投资生命周期基金像其他投资一样，也需要进行评估。大多数生命周期基金表现界于优秀和较好之间。如果你不想受投资的烦扰，那么生命周期基金是一个很好的选择。生命周期基金分为以下两类。

- **生活方式基金**。生活方式基金通常被贴上了"保守""收入""平衡""增长""进取"的标签，每种基金都投资于特定的股票、债券和现金组合。比如，增长型基金比保守型基金拥有更高百分比的股票投资，保守型基金更多地投资于债券。大部分生活方式基金持有个人有价证券。如果你对生活方式基金感兴趣，但是不确定哪种类型适合你，那么去完成本章"你属于哪类投资者？"一节中的测试吧。

- **目标基金**。目标基金，也被称为目标日期基金，当你临近退休时它可以帮助你进行多元化投资。目标基金很容易识别，因为它的名称中就含有目标日期，比如 2015 年、2030 年、2040 年。你需要做的就是估计你的退休时间，选择最接近这个时间的目标基金。随着时间流逝，目标基金的管理人会逐渐调整其配置。这些"基金中的基金"主要拥有几种不同的股票和债券基金，它们以不同的比例配置来适应处于特定年龄段的投资者。比如，年轻的投资者有几十年的时间进行投资，即将退休的人则要进行更为保守的投资，而已经退休的人需要的是投资收入。本质上，目标基金的管理人会慢慢降低股票占比，并提高债券占比。

而一个潜在的缺点是，如果大部分资金都投资于债券或短期有价证券，那么打算在基金"到期"时退休的人届时可能不会得到好的服务。虽然该基金在临近到期日前尽可能消除投资风险债券和现金等价物占比高达 75%，但这可能并不是正确的资产配置的方法。大多数刚刚退休的人在他们的投资组合中需要至少同样多的增长部分和收入部分，因为退休并不意味着结束生活。相反，当投资不但可以获得收入，而且还可以增加本金时，这是另一种生活的开始。因此，你应该了解临近退休时资金该如何投资。如果对你来说，投资基金太过保守，你可以选择比你的计划退休时间晚一点的目标基金。比如，你将在

2025 年退休，那么当你的退休日期临近时，将部分或全部资金投资在 2030 或 2045 基金，你可以获得更高的收益。

■

生活方式基金和目标基金的自动控制投资，提供了多元化的投资组合，可以定期在单一投资中实现重新调整配置。

07 投资进阶

大多数投资者无法达到市场平均投资收益水平，你可能就是其中之一。第6章我们谈到了如何成为一名聪明的共同基金投资者，这一章则会帮助你提高投资技能。目标就是让你从一个聪明的投资者转变成杰出的投资者。你应该做到以下几点。

- 做一个逆向人士。
- 不容错过的4种投资。
- 在你的投资组合中增加股票和债券。
- 投资行业基金。
- 算算何时卖出你的投资。
- 在市场衰退期中存活。
- 购置能带来收益的房地产和未经开发的土地。

成为逆向人士

"逆向人士"这个词有一个负面概念，暗示了这些人总是爱唱反调，喜欢为了争论而争论。但是在投资领域，成为逆向人士却是一种十分有效的投资策略。逆向人士的投资动向与华尔街金融人士背道而驰，逆向人士喜欢在市场最低迷的时候购买股票，但当投资者的热情把股票价格大幅抬高时，他们会选择抛出股票。因此，逆向人士对不被看好的股票很有一手，他们也很乐意抛售在华尔街备受宠爱的股票。可以说，逆向人士本身并不是华尔街的宠儿，因为他们是如此与众不同。但是如果你对牛市和熊市的投资都有些经验的话，那么你就会被他们的这种智慧所折服，因为他们能够远离波动市场的不确定性。

保持一致的投资方法很重要，但是抵抗资本市场不正常的状况也同样重要。接下来的内容就是，对比投资大众和逆向人士在面对股票和债券市场变化时的反应。

面对资本市场波动的反应

- **股价上涨时**

    投资大众："我已经把足够多的资金拿来投资股票了。我不在乎它们上涨了多少，我只是不想错过这个机会。"

    逆向人士："股票价格太高了，几乎所有人都认为股价会一直上涨。我已经赚了一笔，现在我想把我持有的一些股票抛出，来保全这些收益，因为股价不会永远上涨。"

- **股价下跌时**

    投资大众："我无法承受亏损，这个熊市看上去没有尽头，我必须抛出股票。"

    逆向人士："华尔街的人很疯狂，投机者正在抛售股票。股票的价格比几个月前要便宜多了，我要购买一些稳健但是下跌了的股票。"

- **债券价格下跌（也就是说利率上涨）时**

    投资大众："我在股票上的损失已经够惨了，但是现在连我的债券和基金也都失败了，是时候把债券转移出来，以便把更多资金用来投资股票。"

逆向人士："是的，我的债券经历了一段挫折期，但这是因为利率在上涨。我可以充分利用高利率这个优势购买更多的债券。"

💾 债券价格上涨（也就是说利率下跌）时

投资大众："最近我在债券上赚了不少钱，我希望可以赚到更多的钱，所以我正在买入债券。"

逆向人士："我在债券上赚了些钱，但是由于利率在下跌，所以这不可能是买入更多债券的好时机，我会减少债券的数量。"

成为一个中庸的逆向人士

有些专业投资者是彻头彻尾的逆向人士。当别人都在为股票市场的前景欢呼时，他们选择抛售股票，此时的他们会像当初投身于不断下跌的股票市场时一样开心。但这是个相当危险的策略，因为没有人能够永远准确预测股票或债券市场的前景。不管你是投资大众还是逆向人士，你最不应该做的一件事就是对你的投资策略做出重大调整。下面介绍两种成为中庸的逆向人士的方法。

1. **定期调整你的投资组合。**如果你一直密切关注如何使投资多样化以及如何选择最佳的投资组合，那么你肯定会成为一名成功的投资者。但是，定期调整投资组合会使你的投资锦上添花，因为它迫使你在长期坚持一定的投资策略的同时，还要做出逆向投资的重大决定。进行调整是简易但明智的逆向投资方式。在你进行调整之前，需要为你的投资分配设立一个多元化目标，比如，60% 的资金投入股票，40% 投入债券。随着时间的推移，你所拥有的投资价值会发生变化。一年后，因为股票市场比债券市场上涨更快（长期以来都是如此），所以我们假设你的投资分配已经从60/40变成了65%的资金投入股票，35%投入债券。现在的任务就是卖掉一部分股票以买进同等数量的债券，使分配比例再次达到60/40的目标。现在，你可能会问，为什么重新调整会是一项逆向投资策略呢？正如前文提到的，重新调整迫使你在股票价格上涨后卖掉它们。当然重新调整也迫使你利用华尔街的投资者们出售股票而导致股价下跌的这个时机来买入股票。重新调整完成的另一件事就是迫使你在利率上升时购买债券，这完全是你想要做的——锁定更高的利率。但是，重新调整往往只是对你持有的全部投资金额进行微调。因此，你的投资不会有很大的变动，这对你来说是好事。

2. **识别不被看好的有价证券，投资新增资金**。你会有一些临时资金，需要进行投资。比如，快要到期的存款、家人给的红包、年终奖，或者你偶然开了一个小型经纪人账户。在这些情况下，你可以依靠直觉实施你的逆向投资策略而不是追随大众。如果办公室里每个人都把钱投入股票，那你就去买债券。如果你喜欢的一只股票最近一直下跌但有不错的前景，那就买入这只股票，这属于打折货。如果财经新闻里的专家预测小型企业股票即将崩盘，那你就买入小企业股票基金。成为逆向人士是件有趣的事，成功的机会就在你的手中。

> 逆向人士不会受大众欢迎，但是避免随大溜可以帮助你避开不合时宜的投资。
>
> ■
>
> 当市场上充满血腥的时候，买入的时机就要到来了。
>
> ——巴伦·罗斯柴尔德（Baron Rothschild）

投资回报率导致巨大差异

值得再次说明的是，实现财务自由梦想最重要的两个因素：一是，定期进行存款；二是，理智地投资这些存款。仅仅精通一个方面是不够的，你可以是勤奋的储蓄者，但是如果你的投资回报率并不突出，那么你也积攒不了多少存款。同时你也可以成为非常优秀的投资者，但是仅仅依靠投资收益是不可能将小额本金转变成大笔资金的，所以你必须坚持定期存钱。

投资回报率确实关系重大，下面的表格可以证明这一点。它回答了你可能会问的一个问题："到我退休的时候只要多积攒 10 万美元，我的财务状况就会很好。那么，我现在每月需要积攒多少钱呢？"这个问题的答案取决于你想利用你的资金赚取多少钱。

退休前年限	年平均投资回报率		
	4%	6%	8%
10 年	680 美元	620 美元	540 美元
20 年	280 美元	220 美元	170 美元
30 年	140 美元	100 美元	70 美元
40 年	80 美元	50 美元	30 美元

由此可见，投资回报率确实能产生巨大差异。比如，你离退休还有 20 年，同时想额外增加 10 万美元，那么如果你期待赚取微不足道的 4% 的平均回报率，就必须每月积攒 280 美元（很糟糕，这就是很多投资者的行为）。如果你可以赚取体面并明显能达到的 6% 的回报率，那么你每月所需积攒的存款就减少了 60 美元，只需 220 美元了。如果你花些时间进行投资同时避免随大溜（平均 4% 的回报率），那么你就

可以获得8%的回报率，同时每月所需积攒的存款会再减少50美元，只需170美元——比大众平均获得4%的回报率所需积攒的月存款降低了40%。

另外，当你退休后开始提取存款时，投资回报率也会产生很大的差异。下面的表格显示了退休后的25年内，你每月可以从10万美元存款中提取多少钱。

年平均投资回报率（%）	每月可提取金额（美元）
4	530
6	640
8	770

注：假设投资本金在25年后用完。

如果你每年可以赚取6%的回报率，那么在你的本金用完之前，相比获得4%的回报率，你可以从10万美元中多提取20%。而获得8%回报率的投资者所获得的收入将比获得4%的回报率的投资者高出40%。

注意：不要因为可能获得较高投资回报率而减少你的存款。投资回报率并不可靠，而储蓄才是你增加财富最可靠的方法。成功的理财人士往往是持之以恒的储蓄者和投资者。

在工作期间和退休后实现更好的投资回报率，可以让你拥有更高的退休收入。

投机类股票是很多人都会购买的股票，但是他们不知道为什么要购买这类股票。

——威廉·费瑟

不容错过的 4 种投资

在政府和公司债券基金的配合下，通过投资普通的大型企业、中型企业、小型企业和国际股票，你可以做得非常好，但是如果你想提高你的投资回报率，那就考虑以下 4 种投资方式。事实上，虽然其中有些投资看似冒险，但是它们可以提高投资的多元化程度。更高的投资多元化程度能够降低总体投资风险。同时，增加新的资产类别也可以提高回报率。降低风险的同时提高回报率，是你无法拒绝的。以下是这 4 种极佳的投资方式。

1. **新兴市场股票基金**。大多数投资者认识到投资国际股票的重要性，但是由于某些原因他们的投资成果并不理想。首先，他们在这一重要类型上投资得太少，没有意识到量的重要性。至少你的资金中 10%～15% 应该投入国际有价证券，很多投资专家会建议你投入更高的比例。其次，投资者投资国际股票基金的范围比较狭窄。有些人对于投资国际主要证券交易所的大型企业股票基金十分满意，但是如果他们同时拥有新兴市场股票基金——主要用于投资发展中国家的公司股票，那么他们可以更好地将资金进行多元化分配。新兴市场的经济前景十分广阔，除非你有一大笔投资资金，否则你应该投资多国的新兴市场基金而不是只局限于某个国家。但是，由于新兴市场的政治和商业条件可能不太稳定，普通基金可以更好地保护你的投资。

2. **房地产基金**。房地产基金是一种重要的投资类别。虽然在房地产行业致富的唯一办法就是自己购买房产，但你也可以通过购买房地产基金赚点小钱，同时不必在周末为维修漏水的水龙头而劳心费神。虽然房地产基金经历了反反复复的波动，但它仍然是一个稳固的长期投资类别，值得你投入 5% ~ 10% 的资金，甚至更多一些。

3. **商品基金**。商品投资是有风险的。商品市场中石油占主导地位，但是也包括一些必需品，比如金属、木材、谷物、铀以及越来越稀缺的商品——水。商品基金是完善的多元化投资组合中既有趣又日益重要的组成部分。投资产业提供了多种商品基金，包括自然资源基金、采矿基金以及投资未来商品的基金。除了商品的固有价值，商品基金的另一个吸引点就是它们的运作周期常常与股票和基金不同。在投资术语中，这意味着商品可以降低投资波动。但是商品基金的风险仍然很大，因此在多元化投资组合中应该将其限制在股票持有量的 5% ~ 10% 。

4. **多元化债券基金**。虽然股票增加了多元化投资类别，但是债券也同样重要，因为如果出现股市不景气或下跌，债券可以增加投资的稳定性。但是识别最佳债券种类是一个挑战，公司债券、政府债券、国际债券、高收益债券等让人难以抉择。然而这就是多元化债券基金可以解决的难题。总的来说，共同基金的优势之一就是你找到某人来管理你的资金，只用把相对较少的金额（1% 左右）支付给他，而他就会因担心你的资金安全而无法入眠。基金经理也拥有大量我们所缺的经验、专业研究以及信息。对于困惑的债券投资者来说，多元化债券基金可能就是答案。多元化债券基金投资不同的债券，包括公司债券、高风险债券（也叫垃圾债券）、政府债券和国际债券。其中一个吸引点就是多部门债券基金经理的控制力很强，比公司债券基金经理或政府债券基金经理都强。因此，根据当前的市场条件和各种债券部门的投资前景，多元化基金经理会决定哪个部门最具吸引力。如果你不介意，你应该会倾向于依靠债券基金经理广撒网来获得收入和资本收益，那就考虑把你持有的一部分债券投入多元化债券基金吧。

在你的投资组合中整合下表中这些种类。

	扩展投资多元化比例（%）
大型企业股票基金	20
中型企业股票基金	8
小型企业股票基金	7
国际股票基金	5
新兴市场股票基金	5
房地产基金	10
商品基金	5
小计（股票基金）	60
多元化债券基金	10
公司债券基金	15
政府债券基金	15
小计（债券基金）	40
总计	100

随着全球化的到来，大的国家不会吃掉小的，但发展快的会吃掉发展慢的。

——托马斯·弗里德曼（Thomas Friedman）

在你的共同基金投资组合中增加个人有价证券

共同基金还不够吗？ 共同基金（包括指数基金和 ETF）有很多优势，哪怕只通过基金你也可以获得丰厚的投资回报。除非你有大量投资资金，否则基金是你对小型企业股票和国际股票这些投资类型进行投资的唯一方法。但是共同基金也有劣势，特别是缺乏对共同基金转嫁的个人所得税的控制（对于应征税的经纪人账户中的投资来说，这可能是一项重要考虑，这和个人退休账户相反。股息、利息和资本收益，直到你退休后开始提款时才开始征税），以及对于债券共同基金，如果利率上升，你的基金也有可能失去价值。

更重要的是，很多投资者倾向于自己投资股票和债券，并不会交给陌生人管理。如果你正是这类人，那太好了；如果你不是，也没关系。购买个人有价证券绝对可以让你对自己的投资拥有更大的控制权。只要你持有一种股票或者债券，那么你就无须因其增值而缴税。同时，购买债券并一直持有到期为止，可以规避债券共同基金的内在风险——上涨的利息率会导致债券基金的价值损失。确实，如果利率上升，你的债券将遭受价值损失，但是如果你一直持有该债券至到期，这就无关紧要了。

投资股票和债券也有不利之处，包括有效管理所需的时间和开支。尽管很多经纪公司的佣金非常低，但是由股票和债券构成的投资组合要想充分实现多元化可能会比较昂贵。

通过结合两种投资方法——共同基金和个人股票及债券，你可以充分利用这两种机会。一旦你的投资资金达到了你可以支付的个人投资水平——可以只是 5 万美元，你就应该仔细衡量这两种方法，来充分利用两种方法各自的优点。大部分长期投资者会同时投资个人证券和共同基金并且从中获益。

如何在你的多元化投资组合中配置个人股票和债券？ 你的个人股

票和债券占投资组合中的比例主要取决于两件事情——你的个人偏好和投资金额。

1. **个人偏好**。你可能会很满意共同基金，也可能倾向于个人投资。只要你保持开放的心态，这两种想法都很不错。我认为最有利于投资者的方法就是将这两种投资方法结合起来，我希望你不要拒绝个人债券和个人股票，特别是个人股票，因为你可能认为它们太复杂或太冒险了。而另一点是，你不要拒绝任何共同基金，因为共同基金是大多数投资者在参与资本市场的重要环节中唯一的方式。

   你用于管理投资的时间，同样也会影响你对共同基金或个人有价证券的偏好。如果你既没有时间也没有兴趣来选择个人有价证券，那么你可能只能选择共同基金（或者让理财顾问来帮助你投资个人有价证券）。但是选择并且不断更新个人有价证券比例不会花费太多时间，你对投资越感兴趣，你的投资收益就会越好。

2. **投资金额**。你可以用 3 000 美元或者更少的资金开始投资共同基金，但购买个人股票和债券需要更多资金才能充分实现多元化。以下是一组论证。

案例 ▽ **共同基金和个人有价证券的投资组合**

5 万美元投资组合。如果你可以用 5 万美元来投资，这笔钱尽管对于购买个人债券来说是不够的，但是对你开始投资个人股票来说足够了。在下面的表格中，假设投资 70% 的股票和 30% 的债券。同时，15 000 美元投入个人股票，这对持有不同行业三四种股票来说应该足够了。但是在个人股票中实现你所希望达到的多元化水平，这可能还是不够的。同时，组合中还持有 2 万美元的股票共同基金，当然这就达到了一个较高的多元化水平。因此，考虑到整体的股票型投资，你应该使你的投资充分实现多元化。

	70%	30%
	股票	债券
共同基金	总股票基金：20 000 美元	总债券基金：15 000 美元
个人有价证券	总个人股票：	总个人债券：
	15 000 美元（3~5 种股票）	0 美元
	总股票和股票基金：	总债券和债券基金：
	35 000 美元	15 000 美元

10 万美元投资组合。当投资组合金额达到 6 位数，对购买个人股票和债券感兴趣的投资者就有足够的资金来进行投资。在下面的表格中，假设投资比例为 50% 的股票和 50% 的债券，我们把全部股票投资资金一分为二，这样股票基金和个人股票就等分了。在债券方面，我们把比重稍稍偏向个人债券，因为你可能需要大概 1 万美元购买个人债券。同时，你可能还会购买一份美国国库券、一种市政债券和一种公司债券。但是，如果你采用这种比例的投资组合方式购买个人债券，就一定要小心谨慎。要确保避免从高利率的发行者购买个人市政债券和公司债券。（你不需要担心国库券，因为它是所有债券中最安全的品种。）

	50%	50%
	股票	债券
共同基金	总股票基金：25 000 美元	总债券基金：20 000 美元
个人有价证券	总个人股票：	总个人债券：
	25 000 美元（5~8 种股票）	30 000 美元
	总股票和股票基金：	总债券和债券基金：
	50 000 美元	50 000 美元

巧做投资情况报表

如果我需要某人以一种没有人能听懂的方式解释某些事情，那我一定会找理财公司。有些理财公司努力向客户展示它们是如何投资的，但很多投资报表仍然令人困惑。事实上，提供一份能够明确展示在上个季度、半年、一年之内的投资情况的报表，是件容易的事情。（避免过于频繁地回顾你的投资表现，这样做会把你逼疯。）

下面的投资情况总结以表格的形式呈现，你可以直接把它交给你的理财顾问。从这个表格里，你可以得到关于你的投资账户如何操作的详细总结。这样你就不会因对你的投资一无所知而在床上辗转反侧无法入睡了。如果你是自己管理部分或所有资金，那你应该自己填好下面这张总结表。

投资情况总结

姓名：_____

时间：_____/_____/_____ 到_____/_____/_____

 年/月/日 年/月/日

		例子
1. 投资账户初期余额	_____美元	100 000 美元
2. 加上：投资账户增加的资金	_____美元	6 000 美元
3. 减去：投资账户提取的资金	(_____) 美元	(2 000) 美元
4. 减去：手续费和其他费用	(_____) 美元	(1 200) 美元
5. 加上（或减去）这一时期的投资收入（或损失）	_____美元	5 500 美元
6. 投资账户期末余额	_____美元	108 300 美元

> 不管你是自己投资还是依靠理财顾问进行投资，都要准确理解你的投资是如何操作的。
>
> ■
>
> 除非你可以将投机当作全职工作，否则千万别投机。对理发师、美容师、服务员，或带来内部消息的其他人要小心。不要试图在最低点购买或在最高点抛出。
>
> ——伯纳德·巴鲁克（Bernard Baruch）

投资行业基金

尽管很多投资者认为行业基金是共同基金，但严格来看，行业基金并不是共同基金。很多行业基金很受欢迎，包括很多投资特定市场行业的 ETF。虽然行业基金被当作多元化投资的对象，并且其本身也投资很多公司的股票，但与此同时，行业基金将一些投资限制于单一行业，比如银行、高科技公司或医疗卫生。因此，当某个特定产业陷入低潮时，多元化投资于不同行业的普通共同基金或 ETF 所遭受的损失相对更少，而投资低迷行业的行业基金可能会损失惨重。但是很多投资者都会被行业基金吸引，是因为在上一季度或上一年度，行业基金在拥有最佳投资表现的共同基金名单上名列前茅。因为如果某个特定行业发展很快，那么行业基金很有可能业绩极好。我很少提起往事，但是让我回想起 20 世纪 90 年代末，当时投资者把大把的资金投入高科技行业基金和互联网行业基金。

行业基金该做的和不该做的。如果你不听我的建议，试图把部分资金投入行业基金，请你不要投入太多，只投入你可投资资金的 10% ~

15%即可。同时，请不要仅仅因为某只行业基金最近表现突出就去重仓。你应该因为对特定行业，换句话说，对某种特定行业的股票前景充满期待而选择行业基金。以下是我的行业基金投资策略。

> 虽然行业基金比多元化共同基金更具风险，但是把钱投入某个你所感兴趣的行业，是一种极具吸引力的投资方式。
>
> 谦和温顺是人类发展的性格趋势，但它并不是与生俱来的。
>
> ——杰·保罗·盖蒂

- **首先，发现有光明前景的行业。**现在有几种方法来识别在未来几年具有发展前景的行业。如果你有股票经纪人或理财顾问，那么他可能会给你提供一些建议。或者，你可以去投资类网站查询未来几年不同行业可能出现的投资表现。
- **其次，识别一流的行业基金。**找到有前景的行业之后，你的任务就是识别在该行业中效益较好的行业基金。这一过程和识别优秀的共同基金没什么区别。但是，我先提醒你，尽管行业基金很受欢迎，但是很多行业类型都还没有行业基金。下面是拥有多种行业基金的行业，足以让你在它们中间选择一只一流的行业基金。
  - 通信。
  - 能源/自然资源。
  - 理财服务。
  - 医疗。
  - 娱乐。

- 稀有金属。
- 房地产。
- 零售。
- 技术。
- 公共事业。

何时抛售

开始投资时你可能会时常苦恼，但何时卖出常常更让人头疼，这可能就是大多数投资者无法做好的原因。影响投资表现的因素之一就是，长时间持有不良投资。确实，每位投资者都可能很快卖出收益好的投资产品，或者不能很快从失败的投资中脱离出来，这就是生活。但是，你也不想让它成为一种习惯。以下是决定何时卖出共同基金、股票或者债券的一些建议。

何时卖出共同基金。卖出共同基金的第一条原则：不要太着急。可以参考这个普遍的例子：一位投资者选择某只股票共同基金仅仅因为其过去良好的投资表现，然而接下来的几个季度，这只基金的投资表现和其他同类投资品种相比，开始走下坡路。投资者很失望，于是他卖掉了这只基金而转向另一只最近势头强劲的基金。之后不久，被卖掉的那只基金再次回升，投资表现良好，收益丰厚，而他最近购买的另一只基金却开始下跌，投资表现惨淡。在这个例子中，问题并不在于基金，而在于投资者本身，他需要知道卖出的最佳时机。

有几个因素可以使你适时卖出基金。如果基金表现开始恶化，那么就像上述例子中所描述的那样，对这种糟糕表现的原因进行复盘的能力就非常重要了。投资者基于投资类别（大盘股、小盘股、短期公司债券等）和投资风格（增长、价值或两者的结合）购买基金，必须将其与同类基金平均表现相比后，再对该基金的投资表现做出判断。

更糟糕的是，有的投资者卖掉了在该基金类别中表现良好的基金，只是因为这类基金刚好经历了一段下滑期。如果到今年为止，大盘股基金平均增长8%而政府债券下跌4%，你可能会认为你购买的下跌了2%的政府债券应该从投资组合中删除，而上涨3%的大盘股基金相对来说则是赢家。但是合理分配你的投资，包括债券基金和股票基金，对你的投资成功来说更为重要，比你努力追赶最热门的基金类别要重要得多。在上面的例子中，如果其中一类基金是该被卖出的，那就是落后于同类基金的大盘股基金。

当一只基金的投资表现长期不断落后于同类基金时，它就被列入基金卖出备选名单。下面是一条我多年成功使用的原则：

除非一只共同基金的投资表现已经连续两年落后于同类基金的平均水平，否则千万不要基于其不佳的投资表现而将它卖掉。

如果你选择了真正有价值的基金，那么基于上述原则你有可能不用卖出，但卖出基金是会时常发生的事。

为了重新调整你的投资组合，你可能需要通过卖出基金来获得现金。在这种情况下，显然你会更喜欢某些基金，因为它们在同类基金中的投资表现更为优异，依据你需要调整的数量，卖出部分或全部当时最不吸引你的基金。

何时卖出股票。知道卖出投资组合中的哪只股票，以及何时卖出，与知道何时买入同样重要。对大多数投资者来说，很难琢磨的一条规则就是，在你现在持有的所有股票中你认为不具备"买入"吸引力的那些股票都应该列入卖出备选名单。当然，如果股票被放入经纪人账户，那么潜在的资本收益和损失也必须考虑在内。但是，当一只股票投资的前景渺茫时，你肯定不想继续持有这只股票。同时，不要因为情感原因而持有某只股票。如果你认为你有责任尊重一些逝去已久的亲戚，把他们遗留给你的一些今天看起来不太热门的股票继续持有，那么你完全可以选择只持有一只股票来表示尊重。

卖出股票并不一定是个二选一的决定：要么卖出所有股份，要么持有全部股份。这不是专业投资者的做法，除非他们肯定这只股票将会大幅下跌。专业投资者会卖掉部分股份，比如50%的股份，然后延迟对剩下的股份做出决定。这样，如果股价回升，那么你还有另一半可以获利。如果他们担心的事真的发生——股票价格下跌，那么比起什么都不做，他们的损失会少很多。

何时卖出售债券。不要轻易做出在债券到期前就卖出的决定。首先，除非你打算持有债券到期为止，否则不要买入债券。然而，可能会出现某些情况使你不得不卖出债券来增加现金流，比如重新调整你的投资组合，或卖出债券对你的理财规划来说具有重大意义。你想要卖出债券的一个重大原因就是，发行者——公司或市政府——的财务状况正在恶化，而你不想陷入这种境况。因此，只买入高利率债券，或者更好的选择是国库券。这样，你就不可能亏本卖出那些下跌的债券。但是如果你不得不在债券到期前卖出，那么没有什么比拥有一个努力为你争取好价钱的可靠的经纪人更重要的了。另外，有经验的经纪人会告诉你关于你的债券信用状况的一切变化。经纪人发挥的另外一个作用就是，针对哪种债券可以卖出这一点给你提供建议。总而言之，如果你不得不在债券到期前卖出债券，最好的办法就是购买国库券，因为它比公司或者市政债券容易卖出。

你可能没有很多时间来管理你的个人投资组合，但是遵循这些原则应该不会浪费太多时间。如果你咨询理财顾问，确保和他沟通你认为哪类投资适合退出。因为这是你的资金，你在做出卖出决定时越有经验，几年或者几十年后你的投资回报就会越大。

> 卖出时所应遵循的规则和买入时应遵循的规则同样重要。尽管卖出决定并没有想象中那么复杂，但是通常投资者不会特别关注如何卖出。
>
> ▪
>
> 牛市在消极中产生，猜疑中壮大，乐观中成熟，狂热中消亡。
>
> ——迈克·B. 斯蒂尔（Michael B. Steele）

在走低的市场中生存

如果下个星期一道琼斯工业平均指数下跌 800 点，你会采取什么行动？如果熊博士（Dr. Bear）在未来两年内慢慢从你的股票价值中抽取 25%，甚至速度更慢，你会怎么做？或者如果利率飙升，你的债券和债券基金损失严重，你又会怎么办？这些事情经常发生。从 2000 年开始，美国股市暴跌了一段时间。事实上，从 1990 年开始股票市场经历了 109 次，约 10% 或者幅度更大的波动，高于平均一年一次的速度。"波动"是"灾难"一词的礼貌说法，也就是说，如果有人在走低的市场中遭受损失，那就是波动；如果是你的或者我的资金损失，那就是灾难了。

如何应对这些悲惨的投资经历，对你长期的投资之路起着重要作用。和所有其他领域的投资一样，规则是关键。很多投资者对意料之外的市场低迷反应过度。当然，市场走低总是突如其来的。

▨ **当你有疑惑时，无为而治是最佳做法**。很多投资者对不利的市场情况反应太过迅速，以致他们几乎总是做出错误的决定。可能你当时会感到不自在，但是什么都不做是应对危机最好的做法。在华尔街长期受人尊重的一条格言就是，"千万不要在市场衰退的时候卖出你的股票"，一直等到危机平息后再做决定。同时，在危机过程中和危机刚刚过去后，谨慎采纳专家给出的即时意见。问问自己："如果他们是专家，那他们为什么不在第一时间预测这个危机？"

- 多元化是你最好的防御武器。把你的资金分布于多种类别的股票投资、盈利性投资和房地产投资，一直都是而且仍然会是应对不利市场的最好方法。这是因为当有些投资类别下跌时，其他类别很有可能会上涨或至少保持原有价格。你的投资多元化程度越高，你的状况就会越好，也许能在可怕的市场中脱颖而出，并且相对来说损失较小。

- 投资要从长计议。股票、债券和房地产市场价格的下跌并不罕见。但是，除非你最近从专家那里得到了不利的预测，或者在不久的将来你需要很多钱来购置某物，否则你应该从长远考虑进行投资。我们过去遭受的所有损失可以完全被后来所获得的更多收益所抵消。不管市场有多糟糕，不管专家们的预测多么让人沮丧，市场的这种艰难运转都将在 10 年后成为模糊的记忆。

如果你一定要做点什么……或许对你来说，当市场进入低迷时期，闲坐在一旁无所事事可能有点难以忍受，特别是当你是一个保守型投资者时。因此如果市场情况特别糟糕，或者如果你真的担心股票市场走向崩溃，你可以对你的投资多元化进行细微调整。我重视这些细微的调整，因为如果你开始对你的投资做出大幅度调整，那么事实上，你是在进行市场择机，而市场择机并不起作用。不管怎么说，令人损失惨重的投资市场崩溃是很少发生的。

我们来看一个细微调整的例子。如果你现在的投资组合是 60% 的股票、40% 的盈利性有价证券，你可能会把你的股票比例减少到50% ——这样可以使你晚上有个更好的睡眠。但是，这样做的风险是，你可能会在股价回升前就卖掉它们。在你的投资策略中进行细微调整的另一个问题是，何时回到原始的投资比例？当你害怕的时候降低股票比例会很容易，但是决定何时回到起始水平真的很难。最坏的情况会是这样：我在主持电台脱口秀节目时接到一个电话，来电者说他对股市已经感到害怕了，而且已经完全退出了。对于何时重回股票市场他左右为难，想向我咨询现在是否是重回市场的好时机。我问他是何时卖出所有股票的。那已经是很多年以前的事情了，自从这个人放弃股票投资后，股票的平均价格已经上涨了 3 倍。因此，不要让恐惧阻碍你的投资。

从长远角度来考虑在低迷的投资市场中的投资，会使你避免对你的投资做出不明智的改变。

快速评估房地产投资的方法

很多人没有投资房地产行业，而这是普通家庭致富的最好方法之一。成为房主并不是轻松的事，但是很多人都不介意，如果你已经投身房地产，请千万要避免毫无经验的（或者只有一点经验的）房地产投资人经常犯的最严重的错误：过度支出。如果你支出过多，那么你的房地产投资从一开始就注定会失败。或者，你得把更多的钱投入房地产，直到你的收入和支出持平，而这要花很多年。

经验之谈。如果你想投资房地产，下面有几种简单的计算方法，可以供你判断所要投资的房地产的定价是否合理。

1. **租金收益增值率**。评估房地产最简单的方法就是将你必须支付的房产价格和该房产当前一年总租金收入相比较，该比率被称为"租金收益增值率"（rent multiplier）。购买任何以年租金 7 倍以上的价格出售的房产，都很有可能出现负现金流。换句话说，你的租金收入将不能够支付你的房贷和经营支出，更别提从中获利了。要计算租金收益增值率，就必须比较房产价格和当前年总租金收入，运用公式：

   租金收益增值率 =（房产价格÷年总租金收入）×100%

   比如，一套复式公寓的价格是 30 万美元，年租金收入为 25 000 美元。则租金收益增值率为：

   租金收益增值率 =（30 万美元÷25 000 美元）×100% =12%

   该房产以年租金 12 倍的价格售出。正如我刚才提到的，任何以年总租金 7 倍以上的价格出售的房产，都很有可能不是特别好的投资。同时记住，如果你将一笔为数不少的现金用来交首付房款来保证正向现金流，那你只是在自欺欺人。这里存在机会成本——占用了大笔本来可以利用低风险的有价证券赚取收入的现金。顺便说一句，专业房地产投资者一般不会支付超过年总租金 5~6 倍的房款。

2. **收益率**。计算收益率——经验丰富的房地产投资者称之为"资本化率"，是评估房地产投资更具体的方法。收益率的计算公式为：

$$收益率 = （年净经营收入 \div 总投资金额） \times 100\%$$

比如，一位投资者正在考虑投资一栋公寓大楼，需要50万美元投资金额。他在最近一年内的年净经营收入达42 000美元。收益率则为：

$$收益率 = （42\ 000美元 \div 50万美元） \times 100\% = 8.4\%$$

8%以上的收益率是令人满意的，这类房产可能值得深入研究。确保用来计算收益率的数字是真实的。总投资金额应该包括首付和购买房产所必要的贷款，而年净经营收入是总租金收入（允许有未出租的空房）减去除房贷利息和本金偿还以外的所有支出。

当你计算租金收益增值率或收益率时，要提防一种叫"撞击市场"的骗局。这是房地产中介和房主共同参与的，为了使房产交易看上去更诱人的把戏。撞击市场是指一项抬高租金的计划——根据所谓的市场水平，将租金从实际价格抬高到"应该实现"的价格。不要相信这些类似空头支票的计划。

你该如何付首付？ 如果你要买一套即将入住的房子，卖方很有可能想要获得比他要求的比例更高的首付款。不要让买房的热情阻碍你做出明智的判断。换句话说，避免抵押你已有的房子，或者从个人养老金账户中提取现金来凑足首付。不管你听到了什么意见，从个人养老金账户提款来买房都是很不明智的。就算你的个人养老金账户里有很多钱，占用这么多养老金来换取一套房产也是不谨慎的。

耐心点。不要因为上述经验之谈使你对找到符合要求的房子感到沮丧，虽然在房地产市场中找到让人满意的房子的确非常困难。同时，不要为了方便出租而去购买有单独庭院的房子和共有公寓①，应该选择可供多户家庭租住的民宅、小型公寓以及小型商业或工业房产。如果你能找到价格合理的房地产，那么赚取大笔财富的机会还是很多的，因为一旦你对房地产着迷，你最终很可能拥有小型房地产帝国。

> 只要你可以避免为房地产过度支出，那么投资房地产就是积累大笔财富的绝好办法。

购买房产的注意事项

为什么不成为房主呢？购买未开发土地，在增值方面拥有巨大潜力，但同时风险也很大。

购买未开发土地往往止步于此，除非你后来进行了商业化开发。成功投资未开发土地的投资者需要大量资产投入。由于未开发土地不会获得任何收入，你的资金很有可能会被长期占用。另外，找到合适的房产需要专家的意见。低价出售的大片土地常常会招来麻烦，又不能讨价还价。因为价格便宜的原因有很多——地理位置不佳、交通不

---

① 共有公寓：美国一种特定所有制的公寓。住户拥有所住公寓套房的所有权，并与其他住户分享公共部分（包括门厅、电梯间、室外场地等）所有权。——编者注

便、排水系统不完善等。因此，如果你想购买的土地位置偏远，那么别指望依靠这块土地赚钱了。另一方面，在地理位置特别优越的地区购买土地是非常昂贵的。换句话说，曼哈顿、纽约的 0.001 平方千米土地比堪萨斯州曼哈顿市的 1 平方千米的土地要值钱得多。

除非你因上述建议而彻底避开了土地投资，否则为什么不看看那些未开发土地呢？别急，如果你睁大眼睛，最终可能会找到吸引你的房产。熟悉市场的当地房产中介可能是个非常重要的顾问。以下几点就是在评估房产时需要注意的事项。

- **物质条件**。房产的面积、形状、地形非常重要，排水系统和地基条件也同样重要。
- **经济因素**。国家和当地经济条件是特别重要的因素。房产增值可能取决于当地的就业率、当地经济基础的多元化和居民的收入增长情况。
- **政府因素**。分区法规和房屋编码可以极大地影响房产的未来发展。当地税收和环境对房产发展可能也有重要的影响。
- **人口统计**。人口增长和家庭规模缩小是人口统计发展的有利趋势，因为这就意味着需要更多住房。

通向成功的关键是购买发展相对较快的地区附近的土地，或者购买靠近发达地区的土地。你的父母可能会评论，附近一带高度发展的地区在十几年前只是一片树林。"天哪，如果我当时买了其中一块地就好了"是最常说的话。然而，在离城镇远一点的地方找到这样的土地还不算晚，很多人已经并将继续投资未开发土地而且发了大财。他们中的其中一个可能就是你。购买房产吧！

地球上最好的投资对象就是土地。

——路易斯·格里克曼（Louis Glickman）

08 买房

如果你还没有属于自己的房子，你很可能对其有一种渴望。如果你已经拥有了一套房子，你很可能在还清房贷、重新装修还是搬家，以及降低成本方面纠结。你还可能会考虑买一套度假房。不管你处于何种情况，这一章会帮助你做出理智的选择。

购房交易妙招

房子很可能是你选择的第二项投资（正如第 2 章讲到的，你的事业排第一），这肯定是你所有投资项目中最昂贵的一项。我指的并不是仅仅 439 000 美元的房屋原始成本（或者你的父母购买第一套房子时最初支付的 43 900 美元）。我说的是供养房子所需的所有费用，但是这有点离题了。购买房产除了能够保障生活质量，还有两个重要的理财好处（不包括由于财产税和贷款利息而获得的大幅度税收减免）。

- 退休时或退休后不久，你有机会获得房贷减免。
- 退休后，你的房子可以成为你的额外收入来源。

购买房产并不是一项简单的任务，特别是对第一次买房的人来说，这包括那些易受情感影响和那些对房地产市场中很多细微差别一无所知的人。如果你的情感打败了你，那我无法帮助你，但下面的信息会帮助买房新手和缺乏经验的买房者。

你可以购买一套价值多少的房子？ 在你为找到一套合适的房子而忙得脱不开身之前，先冷静下来，想一想你可以支付得起一套价值多少的房子，算算买房要比租房多花多少钱。在你把由于贷款利息和财产税而获得的税收优惠考虑在内后，你可能会惊喜地发现，买房的费用不会比你支付的租金多很多。

记住，当你开始寻找房子时，你总是会找到在你的预算范围之外的"更好的房子"。这是可以理解的，而且在购房者当中也很常见。购房者原计划购买200万美元左右的房子，却很有可能会看上一套300万美元左右的房子，因为这是套"更好的房子"。你应该设定一个合理的目标预算（尽管你的购房费用很有可能比这个目标预算高得多）。

你还应该清楚你是否有资格申请低收入者购房补助。尽管你的收入并不是特别低，但你应该与所在州和联邦住房机构协商，因为它们可能会为你提供一个更合适的计划。

你在财务上已经做好买房准备了吗？ 你需要注意三件事：一是，你的信用评级正常吗？二是，你的债务还清了吗？三是，你有足够的钱付首付吗？

在你开始寻找房子后，不要忙于以上这三件事，不妨去贷方处咨询是可以提前获得贷款。这样做，也会让你处于更有利的谈判地位。

你并不一定可以轻松借到贷款数额。问问自己，用你所能支付的最大金额购买一套房子，是否会让你的积蓄所剩无几，以致没钱装修，你的积蓄甚至会比未来10年的度假费用都要少得多。

开始寻找。 几乎80%的人都是在网上找房子的。你可以从网上找到上百条房源信息，看看有关附近环境和房间的照片。网络是帮助你缩小搜索范围的宝贵资源。搜索时应该现实一点，虽然地理位置很重要，但是也要考虑你的实际承受能力。第一次购房的人通常只能住在比他们从小长大的房子差些的房子中，但这也没关系。我们的目的是只要有自己的房子住就行。你也可以以后再买一套更好的，如果一定要这么做的话。

协商。当协商的时机到来时，你要控制好自己的情绪。很显然你很想买下这套房子，但是等你真正买下它之后，它也只不过是一套房子。如果这是你第一次买房，确保获得曾经买过房的家人或者朋友的帮助。否则，你一定会超出你本来的预算，这一点是肯定的。

协商过程不应该成为一次不愉快的经历，感到有压力很正常，但感到不愉快就没有必要了。了解卖方出售的原因是有帮助的，如果卖方急于出售房子，那会使你处于更有利的协商地位。

买卖合同。买卖合同是买方和卖方确定价格和条款的合同。在买卖合同上签字和付定金之前，你应该先要求律师审查。你希望将某些偶然事件写入合同，主要包括获得融资（这就要求贷方对房产进行估价）、称心如意的房屋验收和明确的名称。当这些偶然事件发生时，比如进行房屋验收时发现房子建在原子能工业废料堆上，那么偶然事件条例可以让你退出买卖合同。

验收。为卖方工作的房地产代理商在推荐检验员时可能会与你有利益冲突，因此你可能想自己雇用一位检验员。你应该收到你雇用的检验员的书面报告。陪同检验员进行验收，并讨论检验员所发现的问题是非常有用的。事实上这是种乐趣，一位好的检验员可以提供一些有关房屋维修和适度改善家庭条件的建议。

房屋抵押贷款。坚持普通的抵押贷款。你的父母很有可能依靠过去的固定利率的贷款过着幸福的生活。而且，对很多第一次买房的人来说，如果你在办理抵押贷款时，利率相对较低，那么这类贷款仍然是最好的贷款形式。基于将来的利息增长，以合理价格办理可调利率抵押贷款也是一种好方法。避免非常规的理财规划，特别是无本金抵押贷款——它的利率将显著上涨，但你不需要支付本金和可调利率抵押贷款（ARM）。后面的几种抵押贷款方式是美国次贷危机的根源。

你会做得很好，祝你能够顺利买到房子。

为买房存钱，还是为退休生活存钱

如果你计划买房，那么你正面临一个问题：你应该为买房存钱，还是把钱投入养老金计划？尽管无首付抵押贷款的广告很多，你很有可能仍然需要大笔资金购买一套房子，更别提为了让房子有家的感觉所需要的其他资金。

暂时停止养老金计划供款来建立你的住房基金，是一件值得重视的事情。买房是非常明智的理财行为，其合理性是可以被证明的。在你打算放弃供款之前，请记住：为了给房子筹集资金，先使用各种养老金计划是有可能的，包括以下。

- 传统个人退休账户。
- 罗斯个人退休账户。
- 企业养老金计划。

为了购买第一套房子所需的资金，是可以通过提取或借贷的方式来实现的，而这取决于计划本身。

策略
- 如果你认为买房仍然是几年后的事情，那么把你的资金一分为二：养老金计划供款和储蓄。
- 如果你在一年左右的时间内将购买房产并要增加存款，那么暂时减少或停止你的养老金计划供款。然而，因为你急需用钱，你应该进行保守投资。同时，一旦购买房产，你就应该继续进行养老金供款。

其他首付资金来源

- **人寿保险贷款**。从拥有现金价值（定期寿险则没有现金价值——你必须死亡才能从定期寿险中获得赔偿，这样你就没有必要买房了）的人寿保险中贷款。
- **家庭成员的慷慨解囊**。最后，寻求父母或祖父母的帮助。如果离你买房仍有一段时间，且你有一些富裕的亲戚，向他们送些生日贺卡或节日卡片，定期送些鲜花和巧克力，让他们知道你是一个热情的人。

如果你在为买房存钱，既然大部分的养老金计划可以用来购买房产，你就不一定要放弃养老金计划供款来增加你的存款。

为了使你的房子像个家，你需要处理一大堆无关入住的其他事情。首先你需要支付大笔资金。

——奥格登·纳什

应该提前还清房贷吗

一个令很多人反感，但我一直推荐的方法就是：你应该寻找适当时机多还钱，以提前还清房贷。你不必现在就这么做——可能时机还未成熟，但是另一方面，你真的想花 30 年时间来还清你的房贷吗？或者如果你办理了无本金抵押贷款，你想把未来 30 年都用来支付房贷，但仍然拖欠原始贷款本金吗？因此在你认为这个方法很糟糕之前，请允许我回顾提早还清房贷的优势和劣势。

优势

- 提前偿还房贷可以帮你节省很多钱，因为支付房贷的总还款金额会减少——有时会远远少于你花整整 30 年时间支付的总还款金额。如果增加了房贷还款金额，尽管你的税收减免优惠会减少，但你的财务状况还是占优势的，这种减免优惠并不是很吸引人，因为就你所支付的每一美元贷款利息而言，你只省了每一美元的一小部分税额而已。
- 如果到退休时或退休后不久，你还清了房贷，那么比起那些还在租房或者还在支付房贷的人来说，你只需要将更少的收入存入养老金账户就可以养活自己了。此外，退休后你的税收情况可能会是这样：你从贷款利息减免中获得的优惠，和工作期间所获得的收益相比，要相对少些。

劣势

- 如果你处于最高税级，那么贷款利息减免的税收优惠，可能会超过支付提前还贷的税收优惠。
- 提前还贷会减少你用于投资的那部分资金。
- 如果你赚取的平均投资回报超过了贷款利息，那么和投资相比，提前还贷在财务上并不见得那么有效。

"买股票更好。" 这是反对提前还贷的人提出的观点，而且引起了激烈争论。他们认为，通过按时偿还房贷并把钱用于投资，你会更占优势。该观点假设资金用于投资股票，同时股票回报率尚未确定，比如，通过支付利率为 6% 的贷款，你会明确知道得到了多少"回报"。但是股票的回报率却没那么确定，如果你有信心使自己在股票投资上赚的钱长期高于房贷支付的利息，那么你最好不要提前还贷。但是从另一种角度来看，如果你进行多元化投资——不只投资股票，还投资债券和货币市场基金等短期投资，那么你最好提前还你的房贷，这样便于利用可能会投资于债券或短期投资的资金。房贷利率肯定会比你在货币市场基金或其他短期投资中获得的回报率更高，也可能比债券或债券基金获得的回报率更高。

"我需要减税。" 反对提前还贷的另外一些人并不是股票市场的狂热者。相反，这些人认为他们需要获得贷款利息的税收优惠。每笔提前偿还的贷款，减少了可扣除的贷款利息。这种争论对处于最高纳税级别的人来说可能有意义（尽管他们可能有很高的收入，但这使得他们的贷款利息减免优惠会因其他税收政策而降低），但是税收理论专家说为了使税收优惠在财务上起到作用，你不得不处于高于 35% 的税级。然而我们中很少有人处于高收入税级，这是对那些收入在 35 万美元以上的幸运儿征收的。我们中的大部分人都处于 25% 的税级，如果是这样，你今年支付 1 万美元贷款利息，那么你将节省 2 500 美元。这是笔大数目吗？支付 1 万美元节约 2 500 美元税款，年复一年都这么做吗？贷款利息减少很好，但是它并不是提前还贷的理由。例如，一笔 150 000 美元、30 年期、6% 的贷款，月供为 900 美元，若每月提前偿还贷款，对还清贷款的期限、支付的总本金和利息如下表所示。可以看出，就算提前偿还很小一部分贷款，也会增加一大笔总费用。

因此，我不顾他人对我的批评，仍然鼓励你们提前偿还贷款，但是只有当以下情况发生时才要这样做。

💾 你已经向现有的养老金计划存入了大笔资金，包括雇主养老金计划和个人退休账户。虽然尽快减少贷款有很多理财好处，但是有税收优惠的储蓄计划优势更大。

你已经还清其他所有高利息的贷款，包括信用卡贷款和车贷。当你有了利息为 11% 的车贷和利息为 18% 的信用卡欠款时，额外支付 6.5% 的贷款已经没有任何意义了。

每月提前偿还的贷款 额度（美元）	还清贷款的期限 （年）	支付的总本金和 利息（美元）
0	30	325 000
100	23	280 000
200	19	250 000
300	17	235 000
隔周付款*	24	285 000

注：隔周付款，指的是每两周支付月供标准的一半，每年一共支付 26 次，相当于支付 13 次月供。每两周付款的贷款方式特别适用于工资两周一结的人。——译者注

> 适当情况下，提前还贷对你的理财很有意义。
>
> ■
>
> 如果人的寿命可以延长，那么我们中的某些人可能最终能够还清贷款。

换房还是装修

你可能会面对难以抉择的时刻：是应该对现有住房进行装修，还是该搬到更称心如意的地方。不管做出什么决定，都是既费钱又累人的决定，你确实应该仔细考虑。让我来帮助你做出这个重要的决定。

时代已经不同了。 虽然拥有一套住房一直是大多数人的梦想，但是

经过几代人之后我们对房屋所有权的看法已经不同了。过去，我们的祖父母购买房子，养家糊口，然后退休，死后将财产留给后代。房子保存了下来，但是大幅度改善住房条件的情况却很少见。人们住在世世代代流传下来的房子里已经不再是普遍现象，而是少见的例外了。

但是我们对自己居住的房子所投入的感情并不少，因此到底是对房子进行大幅度装修还是搬家，需要深思熟虑才能做出决定。搬家或装修都很费时，而且对你和家人来说也很费钱费力。一旦做出错误决定，不仅代价惨重而且也没有挽回的余地。如果你面临这个"搬家还是装修"的难题，下面是一些你应该好好斟酌的问题。

原则

- 评估你现有房子的实际布局，房子的装修幅度有限制吗？如果没有限制或者很难装修，你可以在已有的住宅面积之内解决问题吗？

- 估计出房屋装修的成本，至少再增加 10%，因为这才现实。然后把估计成本加到你现在的房子价值上。这个总数还会和附近的房屋价格保持一致吗？如果计划的装修成本使你的房子仍然和周围房子的价格标准相当，那么这个计划从财务角度看是合理的。如果由于工作调动、身体疾病或其他情况，你不得不在完成装修之后出售房子，那么你应该知道你会得到多少回报率，但这可能就有点不尽如人意了。

支持装修的原因

- 待在原地不搬家并对房子进行装修的最吸引人的原因，就是你真的喜欢你所居住的社区和邻居，并打算无限期居住下去——至少 5 年。

- 装修很费钱，但是比起搬家的高额费用来说是小巫见大巫了。搬家费用包括房产佣金、房产买卖手续费、搬家费用、软装费用和其他新家布置费用。新房子的财产税可能也会更高。相反，构思巧妙的家庭装修会增加和房子成本几乎同样多的价值。

支持搬家的原因

- 尽管你可能喜欢现在的房子，但你预想装修后的房子也并不适于居住。如果你可以支付得起，搬进新家可能更好。
- 如果你住在一栋需要维修的老房子里，那么搬新家可能比装修旧房子更划算，尤其当你已经退休或接近退休时。
- 住在建筑工地是一种非常糟糕的生活方式，你和你的家人可能还没准备好去忍受这种环境，你将和陌生人共享你的房子，你的家庭生活会搞得一团糟。

最佳房屋装修计划。如果你真的决定装修房子，你需要平衡个人需要、意愿与装修带给房子的价值增值之间的关系。最好的情况就是，在最后出售房子时，你投资在装修上的大部分资金都会得到补偿。然而，在下一个买主看来，你认为的一些重要的装修可能并没有多大价值，因此计划装修时需要考虑到这种可能性。比如，你花了1万美元在家里建了个桑拿房，但这可能不会给你的房子增加任何价值，但是如果桑拿房对你的生活很重要，你也希望无限期住在这个房子里，那么你付出的代价可能就会小一点，尤其当你的选择是搬进一间本来就有桑拿房的房子。下面是关于最佳房屋装修计划的目录表，每个计划预计补偿率至少是80%，但是地区和其他差异可能会影响这种比例。

- 墙板质地。

- 浴室装修。
- 厨房装修。
- 卧室装修。
- 增加楼层。
- 地下室装修。
- 窗户更换。
- 增加浴室。
- 房顶更换。
- 增加家庭活动室。
- 添置主要家具。

装修一点也不复杂

很多人装修房子都要经历痛苦的过程，这是因为预先投入了太多精力——预算、选择材料、选择装修公司并与之协商，而没有多余精力来考虑如何使这个计划有效运作。但是，花点时间确定一些流程与合理的期望，可以帮助你应对家里来的陌生人，还有其他种种意外打扰的行为。你要做的第一步可能会影响整个计划的顺利进行，这一步就是挑选承包商。

选择装修公司。下面是一些与挑选装修公司这个重要过程有关的事项。

- **至少考虑三家装修公司**。确保每家装修公司是正规公司，合法经营。他人推荐装修公司也很有帮助，但是你应该不断征求他人意见并根据资料核查所推荐的装修公司。通过工商管理局了解装修公司是否有被投诉的记录，网上可能也能查找投诉记录。不要轻易把这个工作交给那些自动上门服务的公司，警惕那些定价太好而不太真实的骗局。

- **在你签合同之前的准备工作**。获得一份详细的书面预算书，包括所有材料、设备和工人的报价。要求装修公司提供计划的保险责任范围声明。如果有必要的话，确保装修公司申请并获得了装修许可证。

- **仔细检查合同**。合同中应该包括合同号、街道地址（而不是邮政信箱）、开始工作和全部完工的日期、同意支付的资金总额、支付进度表、使用材料以及一些变动或者"额外"的条款。不管这个计划规模有多小，不要雇用拒绝签订书面合同的装修公司。

- **支付进度表**。不要预先支付一大笔费用，根据行业规定的预付百分比进行支付。

- **竣工推迟罚款**。如果对你来说及时完成装修工作很重要，那就试图和装修公司协商关于竣工推迟的罚款或者按时完工的奖励。

- **了解消费者权益保护法**。核实你所在地区的法律，查查哪些保护措施是为消费者应对装修公司服务的，包括合同解除阶段和纠纷仲裁。

一旦你选定了装修公司，并且所有的书面工作已经按照你的意愿如期完成，那么你是时候准备行动了。

应对计划。工程开始时，你为家庭成员和工人确定流程所花的时间越多，那么在日常工作中你处理意外事件的能力就越强。

- 了解工人的日程安排——到达和离开时间。
- 决定把家里的钥匙留给谁。

- 提醒家庭成员远离装修区域，特别是当工人在场的时候。如果有小孩，你得时刻提醒他们。
- 确保家中贵重物品的安全，不太贵重的东西也要搬离装修区域。
- 如果可以在工人白天工作时为他们送上咖啡或饮料，那就更好了。
- 制订一个计划，以便定期和装修公司沟通。把你所有的电话号码都告诉装修公司，当然装修公司也应该这么做。
- 及时解决你和装修公司之间的问题，不要把问题堆积到最后不可收拾。
- 尽力坚持你原来的计划。在某种程度上你所做的变动会使你的费用增加，会使你那4万美元的厨房装修计划最终都能和最豪华的玛丽皇后号邮轮上的厨房造价相匹敌。

家庭装修从来不是一件愉快的事，但是遵循一些简单易懂的指南，你就可以减少阻力。

拥有房子的问题就是不管你坐在哪里，你都在注视着一些你认为应该进行改动的东西。

度假房误区

根据房地产市场的运作情况，10%～20%的美国房屋销售都属于度假房。尽管你目前还没有打算，但你可能迟早会渴望再买一套房子。冒着给这个好主意泼冷水的风险，我现在从会计师的角度，客观地附上一张问题清单，帮助你了解主要的财务支出。

- **你负担得起吗？**不要被你梦中出现的田园小屋所诱惑，进而阻碍你做出正确的判断。第二套房子的价格可能比你居住地区的房价要便宜，但是，我建议你最好估计一下购买并供养第二套房子的实际成本（包括交通费用）。另外，在美国，一些财政困难的市政府和州政府正通过征收税费把非定居的（和无投票权的）房主当作获得收入的有利来源——这种现象只能解释为不公正的区别对待。

- ⊜ **你从哪儿筹集首付？** 在泡沫般的房地产市场中人们购买第二套房子的首要原因是，房主认为他们通过房产积累的资产很充裕。很多人利用房产权益来筹集首付资金，而度假房贷款的首付要求普遍偏高。然而，利用房屋权益为购买第二套房筹款可能有点冒险。房地产市场不会永远上涨，在房产价格遭受打击之前你可能会背负一大堆住房债务。但是利用房屋权益来筹集购买第二套房的部分资金是有远见的，比利用其他首付资金来源——比如退出个人退休账户更可取，因为退出个人退休账户通常需要支付高额税款，更别提养老金收入来源的减少了。然而有相当多的人利用这种方式买度假房。当然，每个人的情况都不尽相同，如果你可以轻轻松松地利用房屋权益或拿出部分养老金，这样也可以。但是筹集首付最好的方法就是，在买房之前就准备好资金，或者利用一部分意外之财（比如巨额遗产）来付首付。

- ⊜ **评估当地房产市场条件。** 在存在泡沫的房地产市场中，度假房的需求是最旺盛的。当住房价格降低时，房地产市场就会衰退。因此，就像购买股票时跟随大众投资者一样，打算购买度假房的买家会在价格高时买入。而在此之前本来可以有条不紊地购买。如果可以的话，要买度假房，就等到当地房地产市场发展减慢时再购买。同时，避免在旅游旺季寻找房子，因为当所有游客都逃离时你会找到更多想卖房的卖家。

- **你在旅游淡季会在这里待多久？** 大量度假房位于旅游旺季拥有田园气候的地方，但是如果你预想一整年都住在这套房子里，问问自己在淡季有喜欢的气候吗？顺便说一句，当天气非常恶劣，长时间没有游客时，如果你仍然愿意和当地人一起度过这段时间，那么他们更有可能接受你。

- **你住第二套房的频率高吗？** 你真的打算住第二套房，让这笔开支变得理所当然？很容易得出结论：你会的，但是现实常常打乱你的计划。从我个人经验来说，我和妻子以前每年都会去我们的第二套度假房住一阵子，但是有了孩子之后就不同了。孩子们长到一定年龄就有了这样的想法：他们认为陪着父母去乡村疗养（事实上是不管和父母去哪里）是一件无趣的事。结果呢？我们在过去 5 年中一共在度假房里待了 24 天。我曾经告诉我的孩子，供养一套房子比住在纽约华道夫 – 阿斯多里亚酒店的总统套房还要昂贵。看看那些忘恩负义的小家伙是怎么回答的："我们也不想和你和妈妈住在华道夫 – 阿斯多里亚酒店。"

- **如果你打算出租房子，现实点吧。** 购买度假房时，不要想着你以后可以出租房子赚租金。有时可以获得租金，但并不是总能成功，尽管急于出售房子的业主或经纪人不遗余力地向你证明买这套房子每年可以获得多少租金。但如果这套房子只适合某个季节居住，主要的出租时段很有可能和你想自己住的时间一致。如果卖方声称这套房子可以赚到大笔租金，你应该要求卖方提供出租记录，确保他没有把房子"租给"亲戚或朋友。

- **卖出度假房容易吗？** 除非你绝对确定你将永远保留这套度假房，否则如果由于财务或健康原因不得不卖掉这套房子，那么你至少应该考虑这套房子的出售是容易还是困难。在萧条或衰退的房地产市场中，出售处于度假区的房子会给你带来损失。而且，比起出售住宅区的房子，度假房的出售需要更长时间。简而言之，把你的度假房看成一项可以带来巨大增值潜力的投资，是非常冒险的。

- **你有计划在第二套房中度过退休生活吗？** 可能购买第二套房最吸引人且最理智的原因就是，你打算退休后搬到那里。如果你打算将第一套房卖掉再买第二套房，这样不会动用额外的钱，对财务影响不大。顺便说一句，在美国，如果你真的打算退休后搬到别的地方，但是没有能力购买一套属于自己的房子，你可以考虑现在购买一块建筑用地。从现在开始到搬去那里的这段时间，如果房价急剧上升，那么你会从这块土地上获得收益——毫无疑问，你购买的建筑用地肯定会大幅增值。

更为经济实用的选择。我的目的是，在你冒险尝试之前鼓励你对买第二套房的可行性进行客观的评估。我并不是想劝阻你，只希望你可以冷静地对这件事进行评估。有太多人后来为买第二套房的决定后悔，当他们再卖房时在财务上也受到了打击。因此，如果上述清单让你踌躇不定，那么请记住没有必要匆忙做出购买决定。慢慢来，但与此同时，在旅游旺季出租房子是一个明智又经济的选择。

你应该将度假房看成一项刺激精神的投资，而不是可靠的理财投资。

家就是永远向游子敞开大门的地方。

——罗伯特·弗罗斯特（Robert Frost）

---

09 | 消费

生活中似乎总有一些大件物品需要购置。你可能需要完成学业，但你的助学贷款账本甚至比洛杉矶市的电话号码本还要厚。接下来就是买车买房为孩子支付学费了，同时在此期间还有一些花费相对较低的高价物品，比如为房屋修缮和汽车维修。面对这些不可避免的杂费，你事先的准备工作做得越充分，你的经济状况就会越好，钱包也就会越鼓。

> 你花了多少钱买辆汽车并不重要，因为报废后都一样。

你对高价物品的态度说明很多问题

人们应付高价物品的举动，通常暗示着他们财务状况的好坏，就像第 3 章中谈到的，你积累的财富并不完全取决于你的收入。当然，你赚得越多就越有可能变得富裕。（这就是为什么我要用第 2 章这一整章来解释，从你的职业生涯中获得收益，是到现在为止最好的投资。）但是也有很多人并没有赚到很多钱，最后也能变得很富足，你很有可能无法从他们的房子面积大小或车价高低来判断。

财务状况最可靠的参考应该就是家庭住房。第一次购房时大多数人可能会在财务上纠结，会抵制购买高价住房的诱惑，因此当这些财务状况不错的年轻人步入中年时，他们所居住的房屋价值远远低于其支付能力。对租房者来说也是如此。简而言之，当收入增加时，搬进更昂贵的房子或想象中的公寓的想法却并没有实现。比如，一对夫妻只有中等水平的收入，通过不断储蓄和明智投资，他们最终积累了100万美元。但是，他们的那套已经还清贷款的房子如今的价值可能只比他们的年收入高出一点。多年以前，即使他们的收入已经可以支付得起一套更大更豪华的房子，他们也只是购买了一套中等住房，而且住在那里感到非常满意。

另一对夫妻多年来享受6位数的收入，不仅还清了所有的债务，还有价值200万美元的投资，以及一套225 000美元的房子。如果参考贷款规则，那么以他们的收入，他们可以负担一套价值超过100万美元的房子。第三个例子，一位单身人士做好了退休准备，每年赚取5万美元，但是每月只支付收入的10%，即500美元的租金。他现在56岁了，已经为以后的退休生活存够了钱。这类人所居住的房屋等级也远远低于他们的负担能力，这几乎不是巧合。由于低廉的住房开支，他们可以积累巨大的财富。他们没有购买更高价房子的欲望，当然他们也没有住在破旧的房子中。

梦想家园的梦想家。一对夫妻在他们近50岁时买下了第四套房子——他们的"梦想家园"，我怀疑他们的前三套房子也是梦想家园。每次想购买更高价的住房时，他们就会增加贷款。然而，拥有了几乎20年的房屋所有权之后，这对夫妻的贷款已经是他们购买第一套房子时的3倍。在经历了20年的贷款偿还之后，他们还要花上30年偿还当前的贷款。他们的高额消费方式在其他理财领域也有所体现，尤其是用高额车贷买了两辆新款豪华汽车。这对夫妻的两个孩子快要上大学了，支付学费对这对夫妻将是一个挑战。助学贷款和房屋权益贷款对支付学费来说可能会有帮助。但更糟的是，他们的所有储蓄，包括养老金和其他的存款，比他们的年收入都要少。这个家庭本应过上好日子，但是他们牺牲了自己的财富未来。

三大基本资金组合。为什么有些单身人士和家庭在理财规划方面进步很大，而有些却没有呢？这并不只是因为一些人在生活中困难重重，才会在财务上遭受重大损失。更重要的原因在于他们辨别生活必需品、奢侈品和未来储蓄这三种基本资金组合的能力。理财成功人士往往能够区别必需品和奢侈品，并且理智地分配他们的开支。尽管收入增加，但他们从未有过购买豪宅或豪华新车的念头。

想享受哪种理财生活取决于你自己。享受是一个最重要的词，我们所有人都被这样的话语炮轰：花钱越多，你就能越充分地享受生活。但是也有很多人不相信这种说法，反而发现了真正的快乐。下次当你羡慕一个开着豪华车的人时，问自己一个问题：拥有一辆 5 万美元的汽车比拥有一辆 2.5 万美元的汽车更能让我感到快乐吗？但是不管你多大年龄，你都有不断改善生活的机会。你可以马上过上好日子，但到底是牺牲财富未来，还是逐步改善生活的同时为富足的未来做准备，这都取决于使你开心所需的成本。慎重思考吧。

你可以从人们的花钱方式中看出很多问题。在房子、汽车的价值和他的财富之间存在着逆向关系。毕竟，富人常常不是通过花钱来获得财富。

■

不是每个人都想成为百万富翁，很多人满足于就像只有一元钱那样生活。

支付昂贵的必需品

消费高价物品是一个痛苦挣扎的过程，但这并不仅仅因为它们非常昂贵，还因为你不得不赚取比它们的价格高得多的收入，才能在税后留下足够的钱来为这些物品买单。这里有一个具体的例子：假设你每月需要支付500美元的汽车贷款，考虑到你的收入，这看上去可能不是一笔很大的数目，但是你每月赚取的收入不得不多于500美元，这样才能真正得到这500美元。假设你处于25%的联邦所得税等级，州税收账户再占2%，另外你可能会受制于8%的社会保障税收。因此，在这个例子中，如果你需缴的个人所得税达到35%，那么为了支付500美元的车贷，你不得不赚取比750美元还要高一些的收入。下表列出了具体的金额，假设条件不变，表中展示支付各种各样的高价物品所需要的总收入。

项目	成本（美元）	支付所需的总收入（美元）
信用卡贷款[1]	10 000	18 000
车贷[2]	25 000	43 000
学费[3]	100 000	150 000
房贷[4]	250 000	720 000

1. 利息15%的信用卡余额在2年内还清。
2. 利息7%的3年车贷。
3. 从收入中支付大学学费。如果涉及贷款，数额还会更高。
4. 利息6%的30年贷款，利息支付的优惠政策更少。

为大学学费存款

我已经没有睡眠时间的概念了，也不知道教育孩子要花掉多少钱。当我把3项费用都加起来时，这笔数额看上去更像联邦政府的赤字而不是大学学费。但是，每个家庭都必须战胜这个挑战，有多种由 529 计划①主导的为学费存款的方法。529 计划是由美国国家主办的投资项目，所有州都可实行，旨在为那些正在为学费存钱的家庭提供税费减免。

不要试图存入所有的钱。不要试图考虑把每一分钱都存入子女教育金准备。因为这需要你存入比你所能支付的更多的资金。如果你对大学学费存款的期望太高，就会发现自己无法达到所期望的金额，你可能会备受打击，从此以后再也不存钱了。相反，设立一个合理的、你可以支付得起的存款金额，可能就足以支付学费的 1/3 了。让孩子走出家门，也许能使你存下足够的钱来支付学费。

继续为退休生活存款。除非你可以同时对养老金计划进行储蓄，否则不要只为学费存款。换句话说，不要为了学费存款而减少养老金储蓄。能为学费存款自然很好，但是将钱存入养老金计划更重要（更具理财优势）。

投资大学学费的最佳选择。除非你的孩子马上就要上大学了，否则 529 计划将是为学费存款的最佳选择。这种方法最具税收优势。但是你得小心，因为很多 529 计划因其高额的费用和支出让人担忧，同时投资效果也不是很好。这种结果不是好事。

首先考虑 529 计划。虽然有些 529 计划并不值得你花钱，但是有些非常值得。你只需要花些时间钻研。美国每个州提供了至少一个计划，你所在的州可能提供了最好的选择。以下是如何找到有效的 529 计划的方法。

如果你所在的州提供减税政策（大约 50% 的州会这样做），只要

---

① 529 计划：529 教育基金计划的简称，来自美国税法的 529 条款。这是一种教育基金，由各州或教育机构负责，目标是帮助民众支付大学费用。——编者注

不是费用太高或者效果一般，你就可以选择这种计划。

不管你所在的州是否提供税收优惠政策，比较所在州的计划与其他州提供的计划的费用和效果。

如果你对自己所做出的决定很有把握，那就自己选择 529 计划。这会节省你的资金。如果你没有把握，就向理财顾问寻求帮助吧。

- ⩶ **以年龄为基础选择投资**。除非你宁愿在计划中将钱花在其他地方，否则你应该选择以年龄为基础的 529 计划。当孩子接近上大学的年龄时，以年龄为基础的选择会自动调整投资组合。孩子的年龄越小，组合中投资股票的比例就越高。当孩子接近上大学的年龄时，股票的比例会逐渐减少，这是有意义的，因为你最不希望出现的事就是，在学费账单到达前又在下跌的股票市场中损失一大笔钱。以年龄为基础的投资计划，是大多数父母处理资金的方法，因此如果你不想更加担忧，就选择以年龄为基础的投资吧。

- ⩶ **529 计划转换**。保管人账户——由父母或祖父母为未成年的子女或孙子辈设立的投资账户，曾经是为大学学费进行投资的支柱账户，但现在已经不是了。事实上，529 计划更好，很多父母和祖父母正在将保管人账户转换成 529 计划，你可能也想这么做。首先你得卖掉保管人账户的所有投资，因为 529 计划只收现金。这样做会涉及保管人账户投资收益缴税，但是数额不会很大。

为令人烦恼但不可避免的开销做准备

非常规支出（经常出现但通常不是每月都出现的开销）和计划外支出分开来看费用并不多，但两者合计后无疑是一笔高额开销，所以必须事先做好计划。过去，由于这些扫兴的意外事件——比如保险账单、度假开支、汽车维修，你的预算很有可能被削减。应对这些开销最好的方法就是，每月在另外的储蓄账户中存一些钱——就像记账账户一样。下面的总结可以用来辨别和量化这些费用。你很可能会因这些存款的总额感到震惊。

非常规和计划外支出总结

这张清单会帮助你总结在非常规和计划外支出基础上，各种发生在你身上的打破预算的支出项目。 应对妙招就是定期存入足够的资金来支付。 你或许知道非常规支出何时出现，却无法知道计划外支出何时出现。 所以你最好在投资账户中为计划外支出存入部分资金，使这笔资金在使用前能有机会增值。

非常规支出

- 财产税　　　　　　　　　　————————————
- 保险费　　　　　　　　　　————————————
- 季度燃气费/电费　　　　　　————————————
- 度假费　　　　　　　　　　————————————
- 学费　　　　　　　　　　　————————————
- 节日礼物　　　　　　　　　————————————
- 慈善捐款　　　　　　　　　————————————
- 俱乐部会员会费　　　　　　————————————
- 预估个人所得税　　　　　　————————————
- 养老金计划储蓄　　　　　　————————————

≋ _____   _____

≋ _____   _____

≋ _____   _____

　　非常规支出总额   _____

计划外支出

≋ 汽车维修费   _____

≋ 家庭生活费   _____

≋ 家电维修费   _____

≋ 帮助财务困难的亲戚   _____

≋ _____   _____

≋ _____   _____

≋ _____   _____

　　计划外支出总额   _____

　　对已退休和即将退休的人的特别提醒。当你工作时，应对意外开销已经够难了，当你退休后，这些费用会让你觉得是灾难性损失，因为退休后你在开销上已经没有足够的灵活性了。因此，对非常规支出和计划外支出的预算显得格外重要。

> ■
>
> 每季度或每年的支出以及计划外支出会对你的现金流造成严重破坏。

减少大学学费

上大学是非常昂贵的，但是很多家庭都可以克服这一困难。当然，学生可能还得负担一部分助学贷款，但是这可能会变成他毕业后寻找工作的有益动机。

奖学金可以进行（部分）援助。有一种减少大学学费的方式经常被人们忽视，这就是获得奖学金。学校里存在无数获得奖学金的机会。个人奖学金——也就是由非学术组织提供的，为文科、理科和领导能力方面有成就的学生颁发的奖学金，非常普遍。家长和学生都应该考虑能够获得其他资金来源的方法，与商业、协会、贸易、市政等有关的各种联系，并千方百计利用这些联系。勤劳的父母或许能够拼凑一些小额奖学金，这里 500 美元、那里 1 000 美元，这样就能减轻大学学费的负担。每一笔小小的资金都是很有帮助的。由于缺少有资格的候选人，或者，更有可能是由于没有人知道奖学金这回事儿而缺少申请人，导致很多奖学金都未能授予。你的孩子不一定要有某项专长才可以赢得奖学金，因为有各种各样的奖学金可以提供给有兴趣或抱负的年轻人。因此，某一方面的爱好者、社区志愿者和希望专攻某一学科的年轻人都可以获得奖学金。

强强联手。当你开始寻求奖学金时，采取双管齐下的方法。

1. **在你所在的社区寻找奖学金**。第一个寻找的地方就是你所在的社区。在美国，市政单位、企业都为学生提供了小额奖学金。
2. **在全美范围内寻找奖学金**。全美范围内表面上看来好像有几万亿美元的奖学金，互联网可以帮助你完成搜索工作。你不用为搜索行为支付费用，如果确实要收费，你应先确定它是合法的大学奖学金搜索服务机构。

总得有人来领取这些奖学金，你的孩子应该在搜索上起带头作用。这样，他将在理财责任上学到重要的一课。

■

你只能年轻一次，但是你的心理却可以不成熟。

你如果讨厌车，就买新车；你如果喜欢车，就买二手车

我的名誉可能比这些言论更重要，但是我必须一开始就指出，我非常抵触汽车，因为对一般家庭来说，它会造成财富的巨大损失。

我们买车研究。购买汽车是一笔不小的开支。根据你的买车习惯，你完全可以存几十万美元用于生活中其他方面的支出，比如养老金。多年前，我发表了普通人在 40 年职业生涯中购买汽车的费用分析报告，令汽车工业十分懊恼——这项研究有着令人讨厌但又无法反驳的研究结果。该项研究将那些每 3 年更换一辆新车的人和每 10 年更换（说成报废可能更准确）一辆新车的人做了对比。40 年职业生涯快结束时，把汽车修理等大笔费用考虑在内，每 10 年更换一辆汽车的人比经常换车的人要少花几十万美元。实际上，不常换车的人已经存够了资金，可以负担比经常换车的人早 5 年退休的生活。

思考了关于买车习惯方面的研究之后，我得出了这样的结论：那些对汽车不是很感兴趣的人最好买新车，而那些热衷于汽车的人应该买二手车。这听上去似乎有悖常理，但以下是我对其合理性的论证。

为什么喜欢车的人应该买二手车？由于他们经常想要换车，如果是买新车的话，那么经常换车这个习惯的代价就会非常昂贵。如果你

认为你将在不到 5 年的时间里就要换辆新车，那就买一辆年限不长的二手车吧。作为购车族，如果你担心买二手车太丢面子，那么请记住，每年推出的新款车都只是汽车制造商在原有基础上稍稍做了些外观的改变而已。你的朋友和邻居很有可能看不出来你开的是哪款。更重要的是，这样做可以让其他人来承受买车后的前几年就发生的大幅贬值。虽然你不能获得买新车的自我满足感，但与此同时，你也不会让大笔开销来破坏自己的财务状况。

为什么讨厌车的人应该买新车？ 如果你认为汽车只是一种交通工具，而不是展示个人魅力的标志，那又为什么要买新车呢？如果你很可能长时间（10 年甚至更久）开一辆车，那么买新车并把它用到报废通常是一个既明智又省钱的方案。你可以好好保养这辆车，这样它就可以长时间为你服务了。

最好的方案。 如果你决心削减购车费用，并像我那样虽然不常换车但每辆车都开足近 20 万公里，最佳策略就是买一辆已经使用 4 年之久的二手车，然后再开 4 年。

节省购车费用的 10 种方法

1. **让你的车使用寿命更长。** 如果说你无法将汽车寿命维持 7～10 年，甚至更长的使用时间，这是没有理由的。那些每过三五年就换车的人纯粹在浪费钱。的确，驾驶新款车的感觉很棒，而且你会认为人们对这辆车留下深刻印象，但是这值得你花一大笔钱吗？

2. **买二手车而不是昂贵的新车。** 花掉 20 000 美元的最快方法就是从经销商的车库中开走一辆新车。很多人都热衷于频繁更换汽车，以至于很多性能良好的二手车销路极差。如果你接受买二手车，那么有生之年，你会节省好几万美元。

3. **做功课**。若要确保从汽车销售人员手里获得一笔称心的交易，唯一的方法就是进入拥有准确消息的汽车展厅。你应该清楚地知道你想要买的那辆车的实际金额，通过多查询几个含有经销商费用信息的网站，你可以获得这方面的信息。这些网站也为二手车爱好者提供了大量有用的信息。因为你和经销商是利益的对立方，所以如果你无法得到正确的信息，你就处于不利地位。

4. **用 3 年左右的时间筹集资金**。有些人无法成功摆脱车贷。在理想状态下，你应该全款支付，如果你无法在两三年时间内筹集购车款，那么你可能无法负担那辆车。如果你一定要为那辆车筹钱，不要告诉经销商你每月可以支付的金额，因为如果你这样做，那么最后经销商卖给你的车所需的月供会正好和你所能负担的金额相同。

5. **避免购买车险费用很高的汽车**。保险公司并不愚蠢，通过赔偿单上的汽车模型，他们详尽记录了不得不支付的赔偿项目。不管有什么理由，不要把时间浪费在购买豪华汽车上，这会导致你得支付比普通车更高的车险费用。

6. **不要草率选择**。一辆"装备齐全的"汽车意味着两件事：第一，它装备各种可利用的标准设备之外的附件；第二，当附件散架时，它会出现各种各样的装备问题。当你下次买车时，评估你对每个附件的需求。有些附件费用昂贵但无明显作用，一辆有很多附件的车不仅需要预先支付几千美元，而且最终你得花很多钱才能使这些附件正常运行。

7. **不要购买经销商提供的附加产品**。这样的附加产品一般称为"礼包"，它们和你曾买过的无用产品差不多，比如底漆、外漆、车身条纹，当然还有保护罩。如果经销商问你是否想在铤亮的新车上增加一整套附加产品时，你只需要一笑而过。如果销售人员告诉你这些附加产品已经添加在你的新车上了，感谢他，并告诉他你将不会为这些支付任何费用。

8. **自己卖你的旧车**。自己卖你的旧车所获得的资金，可能会比经销商将你的旧车折价后支付给你的更多。当然，这需要你动动脑筋，但是只要它可以为你购买下一辆车挣得一点点额外资金，就值得你花时间来联系卖旧车。（如果你的车龄和我的一样长，那么只有收废品的人才愿意买它了。）

9. **自己进行汽车日常维修保养**。你注意到汽车保养和修理所花的人工费用了吗？虽然这笔钱并不完全等同于神经外科医生的费用，但它们比较接近。而你可能会对汽车进行比想象中更多的日常维修工作。

10. **找一个优秀的维修工**。汽车经销商对优秀的维修工没有垄断权，事实上，有些经销商根本没有优秀的维修工资源。就像找任何其他有能力的专家一样，口碑推荐往往是最好的方式。

10 | 个人税务

你的家庭预算中，哪项支出最大？许多人会认为是购置房产，但对大多数人来说，最大的支出却是缴税。设法降低你的纳税额是减少生活开支的一个最简单的方法，当然，这样也就可以增加财富。

纳税是一个乏味的话题，税法如噩梦，世上最聪明的一些人也弄不明白税法的许多规定。要降低你的开支，没有什么方法比合理地降低所得税纳税额更容易或者更令人满意的了。尽管多数税法复杂难懂，但你现在采取的减税行动会改善你的财务状况。本章可以帮你从税务方面省钱，也会让你觉得纳税并没有想象中麻烦。

> 纳税人，就是那些为政府服务但是不必参加公民服务考试的人。
>
> ——罗纳德·里根（Ronald Reagan）

十大节税妙招

要合理节税有许多方法，下面是节税的十大妙招，这些妙招可以帮你减少每年数千美元的所得税。请牢记这些妙招！

1. 将养老金计划的缴纳额度最大化。这是适用于所有在职人士的最佳避税法则，在这类计划中你可缴纳的最高金额在不断增长。因为资金增加，税收缓缴，你不仅节省了当年的税款，也节省了以后每年的税款。即使目前你所缴纳的税款没有减少（例如免税的罗斯个人退休账户的某笔缴款），你仍可在日后享受较低的纳税额。这关乎如何选择最适合自己的养老金计划。

2. **考虑换成罗斯个人退休账户**。将你的传统个人退休账户换成罗斯个人退休账户，并不能当年就替你省钱，事实上，这反而还要花钱。但是，在大多数情况下，这都是值得的，因为你将来节省的税费会是一大笔金额。

3. **拥有一套住房**。房产所有权需付的税款，尤其是贷款收益和财产税所免除的税款，通常可以使承租人买一套住房，而所需费用比租房的租金少。你肯定希望保持贷款收益税负大幅度减少的趋势，因为减税就如蛋糕上的奶油一样诱人，但自己拥有一套住房比减少税费更划算。在第 8 章，你可以了解有房和那些想买房的人的一些看法。当你最终卖掉房子，你就可以将收入的全部或是大部分收入囊中，还无须缴税。

4. **注意你的投资是如何被征税的**。尽可能增加个人退休账户的缴款，这样可以缓解对投资征税所带来的问题。因为账户中的资金不会被征税，除非退休后你提取这些钱。但是，在你退休后，适时地从养老金计划中提取一部分资金也可以节省税费。同时，由于对于持股 1 年以上所得的股息和收益制定的税率较低，所以如果你在非退休账户也有存款，一定要充分利用这个低税率。了解投资是如何被征税的，这样你就可以连续几年在投资结余中获取大额红利。

5. **捐赠免税慈善款**。毫无疑问，慈善机构能从你的捐款中获益。与此同时，你也可以节省税费。你捐赠现金，他们满怀感激，但是，你也应该捐一些自己不需要但还能用的衣物和家具。如果你捐赠了持有至少 1 年的增值股票，那你就能因该股票而获得全部税负减免，也不需要就收益缴税。如果你能捐赠至少 1 万美元的现金或是增值证券，你就可以获得终身年金收入，同时捐款的税费也可以部分减免，这就是所谓的"慈善基金"。如果你打电话询问你看中的慈善机构，它们都会非常高兴地让你参与进来。

6. **向雇主争取额外福利**。雇主提供的额外福利大部分是免税的。你的雇主会提供各种各样的福利，比如弹性支出账户。使用这一账户可以将一笔固定金额用于交付一些医疗费用和儿童保育等不在保险范围内的家庭开支，而无须纳税。这样，在你完全了解之后就能最大限度地利用各种福利和基金计划。

7. **创办企业**。你当然不能仅仅为了减税就创业，但如果你已经建立了自己的企业（即使创办的是一个很小的公司），你就可以享受很多税收优惠。这些税收优惠包括一些有丰厚收益的养老金计划。

8. **寻求贷款**。获得税收减免是非常令人开心的，然而贷款才是最重要的避税途径。例如，如果你处于 25% 的免税范围，那么 1 000 美元的可以节省 250 美元税费。但是，如果你有 1 000 美元的贷款，不管你处在哪个免税范围，你都可以减免 1 000 美元的税费。可悲的是，许多能利用此法的纳税人都没有好好利用它。可用的贷款包括收养贷款、儿童保育或赡养贷款、收入贷款、老年及残疾贷款、退休储蓄缴费贷款以及大学学费贷款。要想知道你是否能使用这些项目，你也许得稍动脑筋。如果漏掉了这条妙招就真是太可惜了。

9. **寻求为无明细财务记录人士提供的减税**。其实并非只有富人才能享受减税优惠，对那些无明细财务记录的人来说，他们可以使用许多种减税和贷款方式。（大部分此类减税和贷款，对于财务记录详细的人也同样适用。）减税种类包括养老金计划款项、助学贷款利息、工作调动所需费用、自由职业者医疗保险、部分减免的大学学费、赡养费。无明细财务记录的人也可以运用第 8 条里的许多免税妙招。

10. **时间就是一切**。最后，不要因为时间安排不当而丧失减税的机会。无论是在出售房产时，还是在为养老金计划开户时，或是决定是否需要在某一纳税年度缴税时，一定不要匆忙做出缴税决定，或许这些税是可以避免的。

运用节税策略就可以把更多资金放进自己的腰包，而不是交给美国政府。

在美国纳税我非常自豪，但是若只缴纳一半税费，我还是同样自豪。

——亚瑟·戈弗雷（Arthur Godfrey）

政府不会轻易修改税收减免政策

大多情况下，人们做出的理财决定都不明智，因为税务顾问、理财顾问和给你建议的朋友都认为税法会变。这些人密切关注税法的一切改革，相信美国国会会对今后 20 年的税收条例进行调整。事实上，即使是国会也不知道明年税法会有什么变化，更别说今后 20 年了。

依据税务顾问和理财顾问对将来税法的观点，你肯定会做出错误的决定。我听说很多人不缴纳罗斯个人退休账户费用或是不去转换成罗斯个人退休账户，因为他们认为税法会变，使用罗斯个人退休账户缴费也将纳税。我花了很长时间才想起来，这种猜想从个人退休账户出现的时候就已经存在了。还有一个好例子：我的股票大赚，但是我得在增加资本利得税之前抛出。而下面这个例子更是我一直引用的经典话术："美国国会将取消社会保险收益，我得尽快收回这些收益——如果我现在收回可能还能多获得些收益。"事实上，比起一些在职人士，我还是比较乐观的。在职人士认为社会保险收益不会减少，而是会被永久取消。

我的建议是，在美国，绝不要以政府可能采取某种行动为由而做出不明智的理财决定。没有人可以预料政府会做什么，特别是在税收和社会保险方面会有什么行动。前 10 年这种趋势已经为减税带来了很多优势，对养老金储蓄计划（如养老金账户的最大缴费额度至少会翻一倍）和退休人员（养老金账户取款规定已经大幅放宽）来说尤其如此。

> 美国人常说，死亡和纳税是人生中两件永远不能逃避的事。

通过降低投资税负来提高收益

通过多年积累投资收益，你可以积累更多的资金，这一点在下页表格中显而易见。然而，提高年投资收益的另一种方法在这张表中却并不明显。这很可惜，虽然这种方法很容易，但经常被大家忽略。

法则。如果你知道投资如何被征税，只要根据下面两条法则把特定的资金投入不同的账户，你就能成为税收方面的天才。

1. 对需要每年缴税的账户进行有税收优惠的投资。
2. 对无须每年缴税的账户（主要指养老金账户）进行无税收优惠的投资。

投资税负。投资税率最低为零而最高可达 35%，差别很大。所以如果投资者了解自己所看中的投资的征税方式，就可以获得不少好处。你的邻居可能不关心或是不懂有税收优惠投资和无税收优惠投资之间的区别，但如果你关注这些不起眼的小事情，你就可以比他们赚更多钱。

下页表格中的术语解释如下。

- 尽管有例外，但大部分红利（包括房地产股息）都要缴纳较低的联邦所得税。
- 除了市政债券利息，从债券、货币市场基金和其他附息投资所获得的大部分利息，都要缴纳较高的联邦所得税。
- 资本利得税。长期投资（投资 1 年后售出）利得税率比短期投资（投资 1 年内售卖）利得低得多。

投资类型	对资本利得、利息或红利所征税负的税收优惠
需缴纳年税的账户最适合的投资	
私人股票	股票卖出才需缴税，股息常执行低税率
指数基金和股息交易基金	多是分散的小额资本收益，常执行低税率
税收管理型共同基金	对可征税实行最小化
市政债券和市政债券基金	通常免息征税
原为长期资本收益的共同基金	和税收管理分类不一样，许多基金都享有分配的低税长期资金收益

养老金账户	无税务优惠（延迟纳税的）最佳投资
政府债券和债券基金	利息执行高税率
分配有超短期资本收益的共同基金	短期资本收益执行高税率
公司债券和公司债券基金	利息执行高税率

将低税型投资资金存入养老金账户（市政债券和市政债券基金的利息从开始时就是免税的，这两种除外）没有什么不妥，但是应避免将征税投资资金存入目前的纳税账户。

明智投资——还清债务

下表展示了将你资本利得税最小化的持续优势。表中假设投资者开始投资 25 000 美元，另外每年储蓄 5 000 美元。假设不考虑征税方式，其税后年利润率为 6%，而节税的税后年利润率为 8%。

时间（年）	不考虑征税方式的税后利润（美元）	节税的税后利润（美元）
10	110 000	125 000
20	265 000	345 000
30	540 000	820 000
40	1 030 000	1 840 000

退税是坏消息

联邦所得税的平均退税额至少是 2 000 美元，这也许令人惊喜，但是美国政府却因此获得了无息贷款。另外，如果你没有很多的预提所得税，并且还有一些税务收益，美国政府会因为这些钱给你提供无息贷款吗？当然不会，这就是为什么"退税是坏消息"。

修改你享有的预提所得税减免。其中的妙招就是要得到预提所得税减免的次数，这会导致你扣缴的数目几乎接近你欠下的金额。也许你想不起来，在人事部门签字确认时，你填过一张表格，表明你享有预提所得税减免的次数，而这反过来也会告诉人事部门要从你的薪水中扣除多少。要调整预提所得税，你需要和公司签一张新的 W - 4 表格（雇员扣缴津贴证明）。这看起来很琐碎，但实际上非常有用。

既然很多事情都可以相对改变你的所得税状况，那么每年你都要检查好几次，以确保你有足够多的预提所得税。其中一次应该安排在 10 月或是 11 月，这样如果你手头紧时，就还有时间来增加预提所得税。

除了得到一大笔退税或者收益，还有几种其他情况需要你调整预提所得税，包括以下几方面。

- 家庭成员的变动，尤其是结婚生子，或者失去家属时（提高或降低预提所得税减免额）。
- 缴付重要但可以全部或部分扣除的医疗费或其他费用（提高预提所得税）。
- 买房（提高预提所得税减免额），可以帮你支付天价贷款。

如果不记录以前的减税项目，就一定记住你理财状况的变化如买房等，你可能会因此获利。

税后工资增长，你该怎么办? 调整预提所得税，减少退税后，你会很快发现薪水增加了。如何使用新增收入，可以用一句话来说明:"甜蜜的负担"。当然这取决于你，但如果是我的话，我不会把增长的税后工资带回家，而是用来增加养老金计划的缴费，或者把新增收入转到投资账户，这样可以将新增收入存起来或者投资，以便将来使用。

控制退休后的纳税情况

有一个不幸的故事，故事的主角是你:工作时，你向养老金计划供款，这是正确的。当你退休后从养老金账户取钱时，却被所得税弄昏了头。但是，也许还有方法控制你的纳税情况，尤其是当你的养老金账户和其他储蓄账户都有存款时。

在美国如果你全部的或是大部分的资金都投入了养老金计划，你就不可能避免缴税，除非你将养老资金存入罗斯个人退休账户(因为从罗斯个人退休账户中取款通常是免税的)。如果你没有存入罗斯个人退休账户，也不要伤心，在工作时将尽量多的资金投入缴税方便的养老金计划，这才是对的。这里还有几个获得减税的机会。

- 因为你大部分的收入都需要缴税，所以，一定要争取了解一切可以获得税收减免等优惠政策。
- 一定要注意你所属的所得税级别。如果你发现，按计划从传统个人退休账户中取钱，自己就会属于较高一级的税务级别(比如15%~25%)，那么你就需要设法规避下一年从个人退休账户取钱，这样才能继续保持低所得税级别。你可以在年终使用信用卡，但你肯定希望能在第二年年初就还清账单。如果你年终的消费非常高，你可以从你的个人退休账户中借款。只要你在 60 天的取款期还款，你就不用缴纳借取款额的相关税负（每个个人退休账户每年拥有一次这样的机会）。如果你有一个罗斯个人退休账户，你可以从罗斯个人退休账户中取款，这样可以避免因从传统个人退休账户取款而被划入较高的所得税级别。

如果你既有养老金计划，同时在非养老金账户（比如经纪人业务账户和银行账户）也有储蓄，那么对于你来说，降低税负的机会更多。

☞ 退休初期，你很有可能降低税负，方法是在资金被困在养老金账户之前就取出来。这道数学题非常简单，也非常吸引人。假如你每年生活的消费需要 24 000 美元，并且你属于 25% 的所得税级别。如果要在税后有 24 000 美元的剩余，你就要从养老金账户中取出 32 000 美元。但另一方面，如果从非养老金账户中提取资金，纳税则相对较低。例如，要得到所需的 24 000 美元，你只需要从基金账户中取出 24 000 美元（如果要缴纳利息税，你可能要取出略多一些）。下面就是凭经验计算的方法：先提取已征税的（非养老金账户）资金。

使用这个方法，你也许仅需缴纳较低所得税，或者根本不用缴纳。还有一个例外，如果在税务年年末你发现根本不应该缴纳所得税，或者你属于最低所得税级别，那么就利用你的所得税级别，从养老金账户取出足够的钱，按最低税率纳税。

案例 ∨

一对夫妇一直以制造光盘为生，最近退休，所以他们的收入几乎都不需纳税。事实上，需纳税的收入每增加 2 万美元只需缴纳 15% 的所得税。他们不用以卖光盘所赚资金来养活自己，而是可以从他们的个人退休账户中取出 2 万美元，这样就可利用低所得税级别。最后，他们必须缴纳税负最小额度，这时，两个人认为会被征收 25% 或更高的税率，所以他们也想利用现在较低所得税级别提取一笔退休金。

- 如果你有足够的资金投入非养老金计划，并且你属于较低所得税级别，那么就考虑把一部分传统个人退休账户转换成罗斯个人退休账户。你可以用非养老金账户里的资金缴付所得税。只要可以转换成罗斯个人退休账户，就算对退休人士来说，这种转换都有很多好处。
- 如果在你 70 岁的时候必须从养老金账户中取钱，而你还有一大笔非养老金资金，那么最好按照要求缴纳费用的最低额度来缴纳。这样，养老金账户的资金就可以继续延税。虽然我并不想提到你的遗产，但美国现有的税法对养老金账户传承子女是非常有利的。

11 保险

到了该认真为自已和所爱的人的美好未来做准备的时候了，投保范围的一个小小疏忽可能导致你花费大笔费用。保险是家庭预算中最大的支出项目之一，但还是可以找到降低保费的办法的。没有实时更新的遗产规划文书，也许会给你的继承人带来许多麻烦。家里的老人最终可能会依靠你来管理他们的日常财务事务。这一章为你提供了保险方面的妙招，希望当不幸发生时，你已经为这些意外投保了。

> 如果我办得到，我一定要把"保险"这两个字写在家家户户的门上，以及每一位公务人员的手册上，因为我深信，通过保险，每个家庭只要付出微不足道的代价，就可免遭万劫不复的灾难。
>
> ——温斯顿·丘吉尔

修补你的财产保险漏洞

财产保险过程中出现的任何小漏洞，都可能会让你付出几年甚至几十年辛苦劳累挣来的积蓄。下面是一些经常出现的保险漏洞。

▤ **个人责任**。设想几个可怕的情景：你的女儿刚拿到驾照，借你的汽车去兜风，不幸和一辆宾利车追尾了。或者，在你家做活儿的油漆匠被蜜蜂蜇了，跌下梯子，受伤严重，但他没有买保险。除非你属于买得起这种意外事件个人保险的少数人群，否则，你就需要购买伞式责任保险，这一保险也被称为展期个人责任保险。一般情况下，这类保险每年需缴纳 200～300 美元的保费，保险范围为 100 万美元，当然还有更高的保险金。在美国，要购买伞式责任保险，一般在汽车保险单上必须有至少 25 万美元的责任保险，并且在房主保险单上至少有 30 万美元才行。

- **贵重物品**。房主或承租人为贵重物品提供的保险范围非常窄。例如，对你的珠宝和收藏品的保险金额可能在 1 000～2 000 美元。如果你有珠宝、艺术品、古董和其他收藏品，你应该要求在房主或承租人的保险单上增加附加保险。这么说吧，如果小偷有点品位，他们会先偷什么呢？如果遇到贵重物品被盗、丢失或是被毁，所谓的流动保险单可以根据该物品的零售价格让你获得保险赔偿。每件物品的保险金额，根据你在购买附加保险时向保险公司提供的购物收据和鉴定书而定。你所需缴纳的保费则是根据要投保的物品而定，但是比起自己出钱购买来说，这些费用算不了什么。

- **保险箱**。你在银行有保险箱吗？银行可能并没有为保险箱里存放的物品购买保险。因此，如果你在保险箱中存放了贵重物品，那么你可能想为这些物品购买额外保险。而为存放在银行保险箱内的收藏品投保的保险价格则便宜多了，所以如果你家里有不会使用或者不便摆放的贵重物品，就可以存放在银行保险箱。

- **居家物品重置成本**。重置成本保险附加在房主或承租人保险单上，是一种比较便宜的险种，这种保险会以当前的市场价赔偿物品。而标准的实际价格保险容易贬值，并且赔偿金额常比实际金额少，所以重置成本保险更可取。

- ⊜ **飓风和地震**。如果你居住在飓风区或者地震带，抑或在这些区域附近，想要以防万一，那么一定要购买这些灾害的附加险。许多房主忽略这一点而不去购买，这种做法是非常危险的。当然，这些保险比较昂贵，但是这也正好表明你要预防的这种危险到底有多严重。
- ⊜ **洪水**。如果你生活在洪水多发地带，可以考虑购买价格合理的洪水险。即使你居住的地区从未发生洪灾，也并不意味着以后不会发生。

你也许购买了过多的保险

你应该修补保险漏洞，这样你可能要花更多的钱。但是你也可以通过取消不必要的或者多余的保险，把资金用于修补漏洞。至于哪些保险不需要购买，见本章"需要避免的保险"一节。哪些保险是多余的以及如何降低保费呢？这包括以下方面。

- ⊜ **房主或承租人的保险**。增加可扣除的险种，取消不重要的保险。
- ⊜ **二手车**。如果你有价值在 4 000 美元以下的二手车，就取消碰撞险和综合保障，增加可扣除的险种；如果是新车的话，取消拖车和替代交通工具等不重要的保险。
- ⊜ **正在失效的人寿险**。人寿险的需求一般会随着年龄的增加而减少，一些保险甚至可以取消。如果有更便宜的保险，就换掉定期的人寿险。
- ⊜ **双份健康险**。夫妇两个人只需购买一份健康险，只要确保两个人都在投保范围内即可。

- **私人抵押险。**如果你有至少20%的资产净值存放在家里，那就取消私人抵押险。
- **根据你的财务状况或是家庭状况做出改变。**检查保单，确保保单反映了你的现状。例如，如果你的孩子在上学，而孩子又不开车，你可以暂时取消孩子的汽车保险。
- **从同一保险公司购买保险从而获取折扣。**许多保险公司为从该公司购买多种保险的客户提供折扣服务，比如车险、房主险和伞式责任险。
- **要求获得折扣。**对于购买火灾或盗窃险的房主，许多保险公司都提供折扣。你也可以从汽车保险公司获得折扣，但是必须自己先提出要求。
- **购买保险，货比三家。**你可以要求保险代理人帮你寻找低价的保险。互联网是比较保费高低的绝佳工具。

从人寿保险中直接获利

如果你已经有伴侣或者孩子，你就应该购买人寿保险，或者说多份人寿保险。假如你是家庭的主要收入来源，那么如果你去世了，你的家人可能很难维持基本的生活。或者，如果你本来在家照顾孩子和老人，而你去世了，情况也是一样的。单身人士的人寿保险需求可能会比较适度，也许足以承受被委婉地称为"最终成本"的保险。你在工作期间承担这些人寿保险更显得绰绰有余。另一方面，放眼未来，看看是否只需要最小额度的保险。也许父母最后在资金上需要你的帮助，或者你的兄弟姐妹手头比较拮据，而你境况比较好，你也许能帮助他们送孩子上大学。在这种情况下，你可能就需要较多的保险。

你需要多少人寿保险？简单的方法就是购买你的薪资 5~8 倍的保险。每年缴费 5 万美元，就可以得到价值 25 万~40 万美元的保险。另一种计算方法是确保有足够的保险金来还清债务、贷款，以及缴纳孩子上大学的费用。最重要的是，增加的保险金可以帮助家庭摆脱丧失收入的困境。

购买定期人寿保险还是现金价值人寿保险？ 人寿保险主要有两种类型。

1. **定期人寿保险**是一种普通险种，没有任何附加保险，尤其对于年轻人来说是最便宜的保险。你可以购买可年度更新的定期保险或定额定期保险。定额定期保险在固定的时间收取同样的保费，例如 5 年、10 年、20 年，甚至 30 年。

   定额定期保险的缺点在于，只能在特定的时间内起保障作用。如果你在此期间死亡，从保险赔偿金来看，这是非常有利的。但是，你可能健康长寿，当定期保险到期时，你会储蓄一大笔钱，贷款也会还清，孩子们也能独立生活（如果他们要离开家），所以你不需要这种保险。

   另一方面，你可以购买可年度更新的定期保险，但是注意：一是，保险年费很有可能升高，最后变成天文数字。二是，在为你更新保险之前，有的保险公司也许要求你参加体检。如果体检查出问题，你要更新保险就比较困难，或者保费会大幅增加。

2. **现金价值人寿保险**不仅有保障作用，通常还会提供终身保险，还具储蓄功能。这类保险分为以下几种类型。

   ⚇ **分红型终身人寿保险**就是缴纳保费获得终身保障。你的保费将使你获得死亡赔偿金和现金价值存款账户，可以从中获取免税收入。购买终身人寿保险可以获得分红，可以用来支付保费，或者减少保费的缴纳年数。缺点是，终身人寿保险一般由人寿保险公司提供相对较低的利率，但你可以通过自主投资获得更高的利率，所以人们经常说"选购定期险，投资不同领域"。但是这并不是说不要购买终身人寿保险或其他的现金价值险，下文有详细解释。

- **灵活投资型人寿保险**可以随时调整保费。如果你有自己的事业或生意，收入会出现波动，那么该险种对你就比较有吸引力。但是利率很低时，这种保险的投资组合一般比终身人寿保险获得的赔偿低。同样，如果你没有按时缴纳费用，你的保单可能会被取消。

- **变额万能人寿保险**也可以灵活缴纳费用。但同时，你也可以投资现金价值到优秀投资项目，包括股票、债券和共同基金。而这个险种的缺点是，如果股票市场暴跌，你保险内的股票基金持有股份也会急剧下滑。事实上，你可能需要再出些钱以确保该保险仍能起作用。

其他选择。附加条款每年需要另外收取 50 美元到几百美元的费用，但它可以轻微调整你的保险范围。根据你的具体情况，有些险种值得你付出额外费用，但大部分是不值得的。最常见的情况如下。

- **保险担保附加条款**：增大你的保险范围，但不用参加体检或者购买新的保单。

- **伤残收入附加条款**：如果你不能在别的地方得到伤残保险，那这个附加条款会为你提供。

- **提前死亡给付附加条款：** 也叫生前赔偿。如果被保险人处于重病晚期，此项可以为你提供人寿保险的保险金。
- **双倍赔偿或者意外死亡保障：** 如果被保险人意外死亡，受益人可以获得双倍的死亡赔偿。
- **自动贷款代缴保费条款：** 如果你无力缴纳保费，此项可以为你的保费缴纳投保。保险公司会以贷款的形式代为缴付保单持有人欠缴的保费，用以维持保单的有效性，直至保单的现金价值不足以缴付欠缴的保费。
- **免缴保费：** 如果你身体有伤残，此项可以为你的人寿保费投保。但是，这个险种的设置并不是为了替代伤残险，伤残险可以为你的收入投保。
- **家庭附加条款：** 购买终身人寿保险时，使定期险范围包括家庭的其他成员。

哪一种人寿保险最适合你？以下问题可以考虑。

- **你需要投保多长时间？** 关于人寿保险的一个主要问题，就是你需要投保多长时间。比如孩子大学毕业后，你可能就不再强烈地需要人寿保险，而是应当购买定期保险。另一方面，如果你希望可以继续无限期地拥有人寿保险，以帮助退休的配偶，那么现金价值险——常被称为"永久险"，就是一个比较好的选择。
- **支付能力。** 如果你需要较广的保险范围，现金价值险的保费就会非常高。如果价格较高而你又想以后长期拥有这个保险，最好的办法就是购买一份较长时间，比如30年的定期保单。
- **部分定期人寿保险，部分现金价值人寿保险。** 就像你在理财生涯中遇到的大部分难题一样，为自己选择最好的人寿保险不是二选一的抉择。你也许因为暂时的需求而选择定期人寿保险，但从长远的投保需求来看，你也许还需要选择部分现金价值人寿保险。

- 🖘 **较好的投资收益可能在别的地方。** 最后，现金价值人寿保险的投资特点，不能作为你终生投资项目的基础。当你可以通过许多保单获得丰厚的收益时，现金价值险就不应该替代传统的储蓄和投资方式。

　　购买保险。 如果你在市场中购买人寿保险，确保你或你的代理人挑选资金实力强大的人寿保险公司所提供的最好险种。当然不同公司提供的同一种保险，其保费也会不同，所以在购买保险时，价格应该是一个重要的考虑因素。

　　儿女不在身边的老人或退休老人购买人寿保险的小技巧。 如果子女们已经独立生活，贷款也已经还清，并且你有很好的理财规划，那么，有些人寿保险你也许并不需要继续持有，但是这种决定不要轻易做出。同样，如果你退休后生活富裕，你也许要花些钱继续保持你长期持有的保单的现金价值。如果你全额支付，或条件优越，并且你已经有了一大笔资产，这么做也是非常有吸引力的。但要考虑取出低息免税保险贷款是否适宜，然后，将资金投在别的地方，或者参加一次豪华游轮旅行。

　　人寿保险是每个家庭的必需品，所以应当选择数量和种类都合适的保险。

　　发明人寿保险的人一定是个营销天才。

　　　　　　　　　　　　　　——罗伯特·哈夫（Robert Half）

以低价将你的定期人寿保险换成新的险种

不管你是否已经购买了定期人寿保险，或者还想再买一些，又或者首次购买，现在都是购买定期人寿保险的最佳时机。定期人寿保险是一种普通的人寿险，不需要大笔的钱。对大多数人来说，这一险种是能够支付得起的人寿保险中最廉价的，而在购买大量人寿保险或更换过时昂贵的保单时，低廉的价格是你要考虑的重要因素。毕竟，要得到一份人寿保险的保单，你得想想会发生什么。

现在定期保险的保费是十几年前的一半。这是因为人的寿命比过去更长，而人们的寿命越长，所需支付的人寿保费就会越少。假如你是一名男性，年龄40岁，从不吸烟，身体健康，那么你可以购买一份价值50万美元、期限为20年的定期寿险。这就意味着，你的保费20年不变，每年只需缴纳340美元。

如果投保的是一个费用较高的险种呢？你可以考虑花钱换保险，或者如果你有家人需要更多的人寿保险的话，你可以考虑购买更多的保险。

如果你决定更换保险或购买更多的保险，下面就是一些相关指南。

- 咨询人寿保险代理机构或理财顾问，来决定你到底需要多少保险。购买足够的保险非常重要，只有这样你的家人才不会担忧。但是，你肯定也不想为不必要的保险浪费钱。
- 除非你的需求已经下降，否则一定要购买足够的保险来更换你已有的个人人寿保险。
- 比较多个保险公司的价格。
- 如果准备更换已有保险，就在更换申请表上写明。
- 购买新的保险之前，不要注销旧的定期保单。虽然你永远不知道自己什么时候离开人世，但你也不想离开人世时没有任何保险。

- 他们可能要求你参加体检。如果你身体状况不好，你的保费可能会高些，或者你的申请不会通过，但是你手中仍然有旧的保险。

- 如果你得到了新的保险单，上面经常带有"不可争议"和"自杀"等相关条款。这常常意味着保险公司只会对你前两年的索赔提出质疑，例如，如果你之前没有透露你的健康问题。

- 如果增加附加条款，你不用参加体检就可以得到更广泛的人寿保险投保范围。

- 要时刻注意你所挑选的保险公司的财务状况。

需要避免的保险

不要购买不需要的保险。保险在家庭预算中一般是四大开支之一，削减不必要的保费和避免不必要的保险的空间很大。你可能需要人寿保险、健康保险、汽车保险、伤残保险、房主险或是承租人险，也许还有长期护理险。但是不要掉入费用更高而保险范围更窄的保险销售陷阱，更广的保险范围总是更讨人喜欢。

以下是一些你很有可能不需要的保险险种。

- **租车保险**。虽然租车代理机构热情地向你推销昂贵的租车保险，但是你很有可能并不需要这份保险。大部分的个人汽车保险包括了涉及私用租车事故险种。除此以外，大部分主要的信用卡在你刷卡租车时也都为你投保了租车损害险。详细情况请咨询你的汽车保险代理人或信用卡供应商。

- **旅游保险**。航空保险可以为旅行时遗失或被盗物品赔偿，但人们经常因为忘了购买航空险而破费。同样，你的房主或是承租人的保险也应该将你纳入保险范围。除此之外，航空公司也会因乘客在国内旅行时的行李丢失或者被盗而向乘客赔偿高达3 000美元的赔偿金。你是否曾用信用卡购买机票？也许你已经拥有行李遗失险。

- **行程取消保险。** 无论你什么时候旅游，都不需要行程取消保险。如果你支付大约50美元或100美元的费用，视乘坐的航班而定，大部分航空公司会允许你更改行程。但是如果你取消乘坐豪华游轮游玩计划，行程取消保险也许是一个好主意。

- **按揭保险。** 不要购买在你死后可以帮你还清贷款的保险，除非你没有资格购买定期人寿保险。原因是按揭保险的保障作用会随着你贷款的偿还而减少，但是保费却保持不变。相反，定期人寿保险中的死亡抚恤金的价值不会减少，并且保费还会更便宜。实际上，一些按揭保险的代理费就超过了保费的90%。

- **非医疗人寿保险。** 也许你曾收到这样一封诱人的信件，说可以为你提供人寿保险，并且不需要接受体检。如果你即将离开人世，那么这是一个不错的主意。否则，这份保险可真是昂贵无比。

- **设备或汽车服务合同。** 在你的保单上最不需要的就是设备或汽车服务合同。这种服务合同价格不菲，却没有什么价值。

许多保险公司大肆宣传它们的产品，但是这些产品的保障范围非常窄，而且费用昂贵无比。

■

通往幸福的道路有很多条，但是没有什么比平安更重要。
——小爱德华·R. 斯特蒂纽斯（Edward R. Stettinius JR.）

遗产规划

一项遗产规划的基本要素包括以下方面。

- **一份遗嘱**。这份法律文书表明在你离开人世后，谁将管理你的遗产，谁将获得你的财产，谁会成为你未成年子女的监护人。如果你没有留下任何遗嘱就离开人世，国家会就这些问题替你做出决定。如果这样的话，你最深爱的人们会付出额外的代价。

- **持久授权书**。如果你身体伤残或丧失能力，这可以给代理人合法处理你的商业或财务事项的权利。如果你没有持久授权书，要获得你的银行账户、证券以及其他在你名下的财产，就必须通过烦琐的法律程序。

- **预先指示**。这项指示一举多得，它是指健康护理指示、生前遗嘱、代理人的健康护理（医疗）权，以及其他个人指示。如果你将来由于身体或精神上的疾病而不能继续选择自己喜欢的健康护理，前面这些指示可以合法地为你做出选择。一份健康护理授权书（也被称为健康护理代理人指定书），可以选定你的配偶或信任的亲戚在你不便时为你做出健康护理决定。

- **指示书**。指示书是一种非正式文书，主要内容是在你离世后，你的继承人必须处理的重要财务或个人事务等相关事项。你不需要律师特地准备指示书，虽然指示书不像遗嘱具有一样的法律效应，也不可能取代遗嘱，但是它详细地列出了你死后需要执行的事项。指示书同时也提供了重要的财务信息。因此，它消除了家人不必要的担心。指示书和其他遗嘱规划文书要放在一起，并确保你的家人知道这些文件存放的位置。

- **高净值人士制订遗嘱计划的其他策略**。在美国，如果你十分富有，身价几百万美元，那么你就需要想办法减少遗产税。尽管有新闻指出遗产税会全部取消，还是有许多人希望可以恢复遗产税。并且，许多州都设有遗产税，有的甚至比联邦遗产税更繁重。

美国的已婚夫妇是如何被征收联邦遗产税的？举个例子，你的配偶继承遗产免遗产税，但是一旦这个继承者也去世后，资产超过一定的水平，就会被征税。继承人在缴纳遗产税后可能也需要就养老金账户缴纳所得税。你会需要一名律师帮你想办法降低税务对遗产的影响。常见的办法就是，给家人赠送礼物或向慈善机构捐赠，但是在采取这些办法之前，先咨询经验丰富的遗产规划律师或是保险代理机构。这些专业人士也会注意你的遗产规划对购买长期护理险的影响。

让大家知道你的遗产规划。一定要把所有重要遗产规划文书的复印件给你所爱的人。定期查看这些文书，确保文书及时得到更新并且法律条款也没有改变。

帮助家里的老人理财

儿女应该明白，当父母（如果你是成年孩子的父母，那么就指你自己）年迈时，他们就越来越有依赖性，他们想要得到帮助来解决财务上的难题。身体硬朗的老人，以及身体每况愈下的老人，迟早会需要儿女或朋友的帮助。

需密切关注的事项。随着父母年纪越来越大，下面是你需要注意的 4 个重要事项。

1. 保险。确保父母所持有保险的种类和数量是合适的。有的老人要么成为兜售不畅销保险等不道德保险代理人的受害人，要么自己做主购买了范围比较窄的保险（例如防癌险），这些做法都非常浪费钱，实际上他们可能漏掉了很有必要的保险。

2. **健康护理**。确保你家里老人得到应有的健康护理，并且可以获得补充医疗保险和特药保险。要在健康护理的迷宫中精准航行，对年轻人来说都已经够困难了。有时候，家庭里的年青一代不得不给予老人帮助或指导，以保证他们得到适当的健康护理。

3. **住房**。随着年龄的增长，有些退休老人就算没有公开反对，他们也不愿接受"住房的改变也许是件好事"这个事实。"住房的改变"可能就是将太大或太难打理的房子出售，然后搬入一套更容易打理的房子。这个改变也可能是指搬进有人打理的房子或者疗养院，有孝心的儿女应该看得出，父母住在现在的房子已经不再感到舒适和安全。现在提出改变住房可能会阻力重重，所以要做好你的建议被强烈反对的准备，争取得到你的兄弟姐妹或父母好友的支持。有时候采取外柔内刚的态度比较有用。

4. **每天对财务的担心**。最后，要警惕财务方面可能出现的状况。消费习惯的改变、税款的延迟缴纳、账单的延期偿还，都可能意味着老人不能维持日常的理财活动了。这并非表明父母没办法维持生活，可是子女、其他家庭成员或老朋友的帮忙是非常必要的。另一件需要注意的事情就是，老人经常是各种诈骗活动的受害者。

健康状况下降。当父母、家人或某个朋友的健康和思维反应能力变差时，如果由你负责处理这些人的财务事项，请回答以下几个问题。

☰ 你知道他的财务记录在哪儿吗？

- 他的纳税情况如何？
- 他有哪些投资？

你一无所知吗？如果是这样的话，你需要处理以下重要事项。

- **检查遗产规划文书。** 检查老人的遗嘱、持久授权书（这指明了谁将处理他的财务问题）和预先指示（主要是关于如何办理死后事宜）。一定要确保信息是最新的，你持有复印件并且知道文书原件存放地。你作为授权委托人，最好能住在他们附近。确保授权书包括任何可能发生的情况，包括纳税和管理养老金计划等。如果老人有债务问题，在银行取消他的房屋抵押权时，确保授权书包含你作为被传讯人的权利。你也许还需要有安排长期护理的权利。

- **获取重要文书。** 得到老人房子和银行保险箱的钥匙，确保在银行的文件上有你的签名以及打开保险箱的许可文件。如果这都没有准备好，就帮助他准备一封指示书吧。指示书中的重要事项包括以下内容。
  - 紧急事件发生时你需要知道的信息清单。
  - 医疗保险计划相关信息。社会保障号，出生日期，医生、律师、会计师和经纪人的姓名以及电话号码，退役日期，结婚日期等。
  - 人寿保险单、伤残保险单、房屋契约、车牌、股票、共同基金、银行相关证书以及葬礼预付费用收据等存放地以及相关信息。
  - 一张列有所有保险箱存放物的清单。
  - 支票簿和自动取款卡的存放地。

- 你在帮忙准备这些的时候，也要修订或准备你自己的指示书。

⊜ **保留好记录**。检查老人的纳税记录，确保相关文书都存放在文件夹中。如果你发现账单没有偿还或是财务报表突然失踪，最好和老人一起准备或请他人帮助。你可以买一个按字母顺序分隔的文件夹。账单还清后，让老人把报表放在相应的夹层，比如电费单放在"物业费"类夹层。在查询直接的存款、所得税减免和慈善捐款时，你可能需要这些信息。

⊜ **所得税**。准备一个备忘录以提醒老人所得税的最迟缴纳日。美国每季度的所得税缴纳日分别是 4 月 15 日、6 月 15 日、9 月 15 日和 1 月 15 日。提醒老人缴纳州级税以及 4 月 15 日为所得税退税申报日。和老人的报税师取得联系，以确保纳税按时申报，同时要求复印一份纳税申报单。在 1 月和 2 月，纳税相关文书发放后，除了私人信件和支票外，要求老人将所有文书存放在一个大信封里。在 2 月底，可以将该信封邮寄给报税师。

当父母、亲戚或是好朋友年迈时，做好准备帮助他们管理财务事项。这是你该做的好事。

■

是的，你带不走它，但是在那个时候，那个地方，也就用不着它了。

——布兰登·弗朗西丝（Brendan Francis）

---

12 家庭理财

你们都在同一条"理财船"上，所以全家上下齐心划船对每个家庭成员都有好处。挑选合适的理财顾问为自己提供帮助，就理财的各个方面做出正确的选择，这是必不可少的。学着解决配偶犯下的理财错误，将有助于家庭和谐。花些时间和金钱让孩子在理财方面变得有责任感，也许后半生你就不用资助他们了。只要能小心那些想把你和你的财产分开的人，你和家人尤其是老人就可以过得很好。

> ■
>
> 和吝啬鬼一起生活可能会很辛苦，但是他能成为伟大的祖先。

如果你需要专家建议，就选择合适的理财顾问

及时从专家那里获得关于理财的客观建议非常有帮助，然而难题在于如何找到适合自己的顾问，一个好的顾问会把你的利益看得比他自己的还重。当然，有些保险代理人、律师、投资顾问和理财规划师早已臭名远扬。但是，只要仔细寻找，你仍然可以找到能为你效劳的理财顾问。挑选理财顾问没有什么简单的办法，最有效的办法就是请别人推荐。向同龄的或是具有相似财务状况的朋友咨询，看看他们是

否有推荐的专家。你如果已经有一位合作愉快的顾问，不妨向他咨询，看他能否就你需要帮助的其他方面为你推荐几个专家。希望不会涉及推荐费，但是，咨询一下也不会有什么损失。

保险代理人

保险是一项非常复杂的业务，所以你也许非常想通过保险代理人购买所有或大部分保险。较好的代理人至少会和你一起每年核查一次你的保险，为你挑选合适的保单。只要你需要，他们都会帮助你捍卫你的权利。假如你想购买一些必要的保险但有困难的话，比如因为健康问题，一位好的代理人会尽全力以最合适的价格为你挑选。为了维护与代理人之间的良好关系，你必须让他知道你的财务状况的变化。如果需要的话，最好定期核查保险。

你应该自己买保险吗？真想自己买保险的人不需要代理人就能买到保险。许多网站上都有对比购买的服务，而很多保险公司也直接向个人销售，你也许会觉得这种方式不错。一位好的代理人可以给你提供指导，而如果自己亲自购买，可能很难得到这些指导，即使能得到也得花很多时间。另一方面，你自己买保险可能会省下一笔钱，但也要记住，到底是通过代理人买保险还是自己直接买，并不是一个非此即彼的决定。也许有些保险比如汽车保险，你想自己直接买，而定期人寿保险你则想通过代理人购买。

下面是几个关键时期，你需要和代理人核对，或者如果是自己买保险的话，你需要自己核查保险。

- 家庭、工作、健康或者财务状况发生任何变化时。
- 退休前，这是为了分析保险是否需要调整。

≡ 应该每年核查一次保险，不管在什么情况下，都要及时决定是
否需要调整保险配置。

律师

也许你没有家庭律师，但是你至少需要一名律师为你准备遗嘱等
遗产规划文书，最好能找到一位和你年纪相当或是比你年轻的律师，
因为很可能在以后很长时间里你都需要这位律师，这样你就不需要因
为现任律师马上退休而去费力寻找新的律师。不要试图自己来准备法
律文书。即使你碰巧准备好这些文书，你又怎么知道什么时候需要些
许改变呢？大多数律师都能准备基本的遗嘱规划文书，如果你的财务
状况或家庭情况非常复杂，也许你就需要遗产规划方面的专业律师，
尤其是遗产税很有可能在你老了之后发生改变。但是不管你选什么样
的律师，他应该满足你的需求并且及时、迅速地为你解决问题。

以下几种情况，你需要就完善遗产规划去咨询律师。

≡ **准备遗嘱和其他重要的遗产规划文书**。不要在没有律师帮助的
情况下准备这些重要文书。
≡ **家庭情况发生变化**。包括孩子出生、孙子孙女出生、离婚和结
婚等。
≡ **财务状况发生变化**。无论积极的还是消极的变化，都需要对遗
产规划做出相应调整。
≡ **定期核查**。如果你的生活没有什么改变，应该每隔几年就和
遗产规划律师进行一次核查，以确保法律法规或者遗产税规
定没有发生任何变化，否则你可能得对你的文书进行相应的
调整。

投资顾问

投资顾问主要是提供证券投资方面的建议。大多数理财规划师都是投资顾问，但并不是所有的投资顾问都是理财规划师。选择一个人帮助你进行投资是非常重要的。虽然投资顾问必须持证上岗，但现在自称投资顾问的人太多，一定要先了解清楚他的投资经验、教育背景、收费情况、为客户选择的投资类别以及他将如何帮你投资等。

你至少希望从投资顾问那里得到以下帮助。

- **定期口头更新**你的投资和计划——如果即将发生任何变化的话。
- **书面分析**投资情况和投资评述，至少两年分析一次。
- **即时解决**你的任何问题和担心。

理财规划师

你是自己最好的理财规划师，但是并不是说你就不需要理财规划师提供的服务。理财规划是所有人都可以享有的一项服务，但是很少有人从理财规划师那里获得极大的益处，也许你自己就能做得很好。许多理财规划师实际上就是保险代理人或是投资顾问，他们也许没有能力或是没有兴趣处理影响个人财务状况的诸多事项，包括贷款、纳税、养老金计划和遗产规划等。他们也许对自己推销的产品非常精通，但对于理财规划等其他重要领域知识知之甚少。

何时仔细分析你的财务状况，这一点最为重要。即使你更乐意自己理财，在你的理财生涯中有时你会发现独立理财规划师的服务非常有用，因为他们能够证明你的理财是否符合预期目标。下面是你比较需要一位理财规划师的时期。

- **事业开创之初**，为了帮你开始储蓄并且采取最好的储蓄方式。
- **准备主要的财务支出**，包括买房或者交付大学学费。
- **事业中期**，开创事业 20 年左右，看看你在养老金目标实现过程中的情况。
- **退休前几年**，要开始计划你理财生涯中的变化和退休时的需要。
- **退休后几年**，要确保你的投资和退休预算等进展状况良好。

　　寻找优秀的理财规划师。一位适合你的理财规划师应该具备的特点，取决于你自己的需求。如果你想得到客观的建议，就去找付费的理财规划师吧。理财规划师为客户提供独立的建议，但这也不绝对。独立的建议常常就是你想要的，尤其是如果你不经常雇用理财规划师的话。但这并不意味着对于收取长期服务佣金的理财规划师就应该置之不理，只是你需要明白你们之间可能会存在利益冲突。仔细寻找，也许在你的社区有许多优秀的理财规划师，包括收取单笔费用的和收取长期佣金的理财规划师。

　　如果你和你的顾问合作不愉快，这也许是因为你在合作中没有起到积极的作用。首先，试着解决这个问题。但是如果情况还是没有好转，就换一个顾问吧，不要犹豫。说来也很奇怪，很多人虽然不喜欢或不信任他们的顾问，尤其是投资顾问，却仍然在和他们合作。

　　不管你是否想要自己进行理财规划，要实现你的理财目标，挑选优秀的理财专家和律师都是必不可少的。

　　如果你读到的东西让人难以理解，你几乎可以肯定那是律师撰写的。

——威尔·罗杰斯

通过理财收获幸福并不是遥不可及的梦想

人们常说，两个人生活可以只花费一个人的生活成本。但是如果两个人在一起生活之前没有就如何花钱进行交流，那么也许将来会出现问题。和许多人一样，逃避这个话题可能会伤害你们的关系以及损害你们良好的财务状况。

开始时只需要分析各自的消费习惯。你是爱花钱还是爱存钱。你的另一半呢？答案没有对错之分，但是任何极端的情况都会带来麻烦。

如果你们在关系建立之初，就讨论了各自的消费习惯并且协调一致，那么很幸运，你们还有办法解决这个问题。请记住，在你们恋爱时期显得可爱的奢侈或节约的习惯，在你们组建家庭或合并财务之后就不那么可爱了。

- 一个爱花钱的人和一个爱存钱的人，可能会考虑各自管理自己的账户，同时建立一个家庭共有账户来支付日常账单。
- 两个爱花钱的人可以一起建立一个计划，自动从他们的工资账户中扣款进行投资。或者，他们可以用现金支付大部分消费，这是一个减少支出的常用办法。
- 因为两个人都有自己的小金库而不开心？在同居之前要懂得独自拥有快乐时光的重要性。

如果可能结婚或同居，你们需要开始认真考虑具体的数字，并讨论一下如何管理共同资产。

- 首先收集你们的财务记录，记下各自有多少存款、现金、投资、保险以及其他资产和债务。如果你们当中一人负债，最好先商量好是一个人偿还，还是两个人一起偿还。

- 核查医保的覆盖范围。你们当中一人的工作提供的医保计划是否比另一个人更好或成本更低？如果是这样，那么另一个可以在婚后加入那个计划。
- 检查你们是否有重复投资，有的投资也许需要重新安排。进行多元化投资是非常重要的，但是如果你们不整合双方的投资和储蓄账户，包括养老金计划，就不会全面了解你们是否进行了多元化投资。
- 分析婚姻将如何影响你们的纳税金额。
- 你们买人寿保险和伤残保险了吗？如果没有，你们各自的公司会为你们投保吗？
- 你们可能需要更新遗嘱、持久授权书和预先指示。如果你们还没有准备这些文书，现在绝对是应该准备的时候了，因为你们已经是成年人了。
- 关于赡养老人、购置住房、养育孩子、为养老金计划进行储蓄，你们有什么计划吗？你们可以谈谈双方都有些什么愿望，实现这些愿望需要多少钱，以及你们如何为实现愿望理财。

你们应该准备婚前协议或同居协议吗？ 不要觉得奇怪，法律并没有规定所有婚前行为的相关义务，法律只规定如果死亡或者离婚，配偶必须获得一定数量的财产，法律还规定了赡养和抚养的义务。

如果你们当中一方的财产比另一方多很多，那么婚前协议非常重要。下面是一些例子，告诉你们何时需要订立婚前协议。

- 再婚并且你们当中一方或是双方都希望让第一次婚姻的孩子继承自己的财产，而不想让配偶继承。

- 你们所在地区实行夫妻共有财产制度，双方在婚姻关系有效期间获得的任何财产都是共同所有。
- 你们当中一方无业。
- 你们当中一方拥有家族企业。

如果你们决定签订婚前协议，双方必须都有自己的律师。同时要知道，婚前协议在以下几种情况下无效。

- 隐瞒部分财产。
- 欺诈委托。
- 结婚前不久或是在胁迫下签订的协议。

如果你们已经结婚了，但是觉得也许需要一个这样的协议，那么你们就找个律师谈谈如何准备婚后协议。

同居协议。如果你们可能不会结婚，但是两个人的关系是长期保持的，你就应该考虑设立同居协议。同居协议一般是一个关于双方关系的协议，经常涉及财务事项和关系结束后财产如何分配等。协议允许涉及更广的范围，典型的同居协议包括以下方面。

- 死亡或同居关系破裂后的财产分配。
- 同居期间财务上的资助义务。
- 债务的偿还。
- 关系破裂时或一方死亡时住所的分配。
- 丧失行为能力时充当监护人的权利。
- 确定做出医疗决定的权利。
- 如果双方有未成年子女，确定各种权利。

沟通是关键。处理配偶之间的资金问题，双方沟通至少就成功了一半。所以，如果你们采取了这些建议，两个人之间的关系在一开始就会充满阳光！

> 如果你正在和你的意中人谈婚论嫁，就讨论一下财务问题和婚后计划吧，这样你们的财务关系就会有一个好的开端。
>
> ■
>
> 金钱不能买到爱情，但是它可以让你在协商时处于上风。

给 20 岁左右的年轻人的建议

多年来，你很少听从任何大于 30 岁的人的建议，尤其是父母和祖父母的建议。现在，你到了对老一辈人的智慧产生敬佩之情的年龄了。在存钱这件事上我已经被授权代表他们进行相应的解释。如果现在你就能养成储蓄的习惯，以后就不用担心是否会有足够的钱买房，是否有足够的钱送自己的孩子上学，是否有足够的钱让自己风风光光地退休。一切都从存钱开始，靠自己的力量生活，然后像第 6 章和第 7 章所说的，将这些储蓄进行明智的投资。既然现在开始慢慢储蓄就可以免除财务上的烦恼，那为什么要冒在未来的几年或者几十年为这些事情而烦恼的风险呢？

下面就是我的请求，你父母、祖父母以及许多关心你的老人完全支持这个请求：如果你在 20 多岁时就开始存钱，并且保持这个好习惯，毫无疑问你将享有富足的生活。同样你父母肯定也会注意我下面的这个建议，并将这个建议转告给婴儿潮时期出生的人和其他老人：老人们应该在退休后花光所有的钱，不留分文给子女。这里的"子女"指的就是你。

> 就听取一次父母和祖父母的建议吧，开始为更安全无忧的未来存钱。
>
> 14 岁的时候，我觉得爸爸什么也不懂，我简直不能忍受这个老头。可是，21 岁的时候，我惊讶地发现这家伙在 7 年里怎么学会了这么多东西。
>
> ——马克·吐温

给双职工父母的建议

大多数有小孩的父母都会遇到这么一个进退两难的情景：父母在孩子小的时候应该在外工作吗？许多人碰到涉及放弃一方事业的选择时觉得非常矛盾，更别提财务上的牺牲了。很多父母认可绝对不能依靠一份薪水生活。但是，仔细算算第二份薪水为家庭增加的资金后，也许你就知道真相了。看看下面这个例子。

一对夫妻有两个上幼儿园的孩子，夫妻每人各自有 52 000 美元的收入，家庭总收入就是 104 000 美元。算算他们的开支，他们明白谁也不能放弃工作。但是做出最后决定之前，计入日托费和两个人都工作需要的其他消费，他们通过计算得出第二个人到底可以为家庭带来多少资金。下面是他们的分析。

父母的两难境地：第二份薪水到底值多少？（单位：美元）	
第二份薪水每周总收入	1 000
更低的所得税：	
联邦所得税（25%）[1]	－ 250
社会保险（8%）	－ 80

州级税（4%）	−40
所得税总计	−370
每周税后收入	630
如果一方放弃工作，则可以节省的开支：	
两个孩子的日托费[2]	−350
与工作相关的费用（职业装、通信、工作餐等，如果一方放弃工作，就不再产生这些费用）	−75
支出总计	−425
1 000 美元的第二份薪水每周可以增加的收入	205

注：1. 在美国，既然第二份薪水是第一份之外增加的薪水，所以第二份薪水实际上会被征收同样税率的所得税。换句话说，第一份薪水使家庭进入 25% 的等级，因此所有从第二份薪水获得的其他收入都按照 25% 的税率征税。

2. 每个孩子平均每周的日托费是 160 美元，但是根据日托所的不同，费用每周 100 ~ 300 美元。

视各自家庭的财务状况而定，某些家庭可能会非常需要第二份薪水。但是第二份薪水实际给家庭增加的收入如此之少，使得这对夫妻和许多其他相同情况的夫妻，都感到十分吃惊。在这个例子中，家庭的净收入只占收入的 1/5。

所以，有小孩的父母双方在外工作都是有许多迫不得已的原因的。但是对大多数家庭来说，第二份薪水为家庭赚取的额外收入并不如想象中的那么多。

> ■
> 孩子的抚养费让我感到毛骨悚然，为什么我要当父亲呢？为什么我父亲要当父亲呢？
>
> ——查尔斯·狄更斯

教孩子理财

不要让孩子犯你犯过的理财错误，或者，如果你是一个高财商的人，不要指望你的好习惯会通过基因遗传给孩子。早些教孩子理财吧，一直教到他们成年。下面是一些妙招。

- 电视绝对不会在孩子理财教育上有任何帮助作用——尤其当孩子们最喜欢的卡通人物试图说服他们购买世界上所有东西的时候。这听起来有些夸张，但是电视广告的确会对孩子的消费习惯造成不良影响，你必须跟这些影响抗争。如果孩子要你给他买新鲜玩意儿，就对他们说你只有这些钱，所以你必须排好优先次序。钱应该首先购买生活必需品，比如衣服、住房和食物。同时，还要告诉他们以最低的价格购买最好的商品的重要性，而那个商品无论是否是电视广告所宣传的，都不要什么都不说而只告诉小家伙"我们买不起"。

- 买东西的时候，鼓励孩子帮你剪下百货店的优惠券，然后帮忙找到你要的东西。也要让孩子懂得，即使有优惠券，如果购买的商品不必要，也是一种浪费的做法。

- 在孩子学了数学的加减法后，可以试着和孩子进行下面的练习。拿来纸、笔和计算器，在纸上的第一栏列出孩子需要的所有衣服和文具；在第二栏列出每类物品的数量；在第三栏写下每件物品的价格。然后让孩子算出清单上所有物品的价格总额。由于你可能没有足够的钱买所有的东西，需要他想办法减少一些物品以降低总价。

- 在你能够支付的前提下，当孩子 5~10 岁时，开始定期给孩子零花钱也许是个不错的主意。帮孩子将零花钱分成多份，和孩子一起去银行为他开设一个储蓄账户。并告诉他，要想得到昂贵的物品，至少要存入零花钱的 1/3 为将来所用，另有 1/3 可以捐给慈善机构来帮助有需要的人。当孩子看到合适的物品时，他可以花掉剩下的 1/3。

- 给孩子零花钱的时候，不要给大面值的钞票，而是给他最小面值的钞票。这样容易将零花钱分成多份，存入储蓄账户的、捐给慈善机构的、用于目前开支的等。

- 和孩子一起到银行或是在线购买国库券。告诉孩子，由于有复利，现在投资的 50 美元在短短几年后也许就能增值不少。

- 在商店或网上购物时，鼓励孩子边比较边购买，这样可以找到最划算的东西。

- 如果你正在使用信用卡，借此机会告诉孩子如何使用信用卡，如何核对账单，如何根据餐馆账单计算小费，以及应该在哪里签名。要让孩子知道，如果没有在还款期限前还清信用卡账单，需要多缴纳一笔利息。

- 一定要告诉青春期的孩子，时尚很吸引人，却让人破费。你也许还可以建议孩子自己存钱购买时尚物品。告诉孩子物物交换是有必要的。

- 要求孩子对所存金额、投资和消费都做好记录。鼓励孩子保留所有消费的收据。

- 青少年时期的孩子在消费时经常忘记为未来考虑。他们应该知道，必须谨慎使用努力工作赚来的钱。

- 告诉他们你和你朋友犯过的理财错误。

- 告诉孩子"需要"和"想要"之间的区别。一个青少年"需要"一辆车方便上下班或上学，他可能很"想要"一辆奔驰车，但是他的想法不应超出其承受能力。如果为了购买奔驰车而负债，并因此加班的话，就没有多少时间和精力来做生活中其他更重要的事情，比如和家人朋友游玩。解决办法：跟父母一样，买一辆能负担得起的汽车。

- 如果你是孩子的祖父母，即使你有强烈的溺爱倾向，也千万不要娇惯他们而让所有的努力都白费。

教孩子理财时，不要期望一切都很完美，尽力就好——通过教育和示范的方式。同一个家庭的孩子也是有区别的，这在理财上也一样。虽然我的三个孩子都还未成年，我已经知道我的努力在一个孩子身上很有成果，对第二个孩子效果一般，在第三个孩子身上则是完全失败的。同样的教育，却是完全不同的结果。

在孩子小时候就教他们理财，一直到他们十几岁，这样就能使他们拥有财务状况稳定的人生开端。

如果你想要一只小猫咪，先说想要一匹马。

——娜奥米（Naomi），15 岁

祖父母和孙子孙女是对付共同敌人的天生联盟。

——阿诺德·托恩比（Arnold Toynbee）

避免财务欺诈

美国一些富有的人曾是财务欺诈的受害者，不要让这样的事在你身上重演。下面是一些常见的诈骗伎俩。

- **老掉牙的"庞氏骗局"**。一些自称经纪人或理财专家的人承诺，只要你在一些被人忽视的领域投资，就可以赚取50%～100%的利润。但是这些骗子不会把你的钱用来投资，而是用来付给另一个投资者。不断重复这种把戏，直到所有投资者的钱最后都不见踪影。

- **高回报投资**。你在一些看来诱人的项目上投资，但是从未收到任何回报。一定要记住，任何声称比传统投资收益率更高的投资都是即将发生的灾难。

- **免费的午餐**。你被邀请参加一次免费的午餐或晚宴，但是得到的是很难售出的年金、股票交易项目或者高成本快速致富的计划。

- **窃取抵押权的骗局**。你是否过度抵押贷款？如果偿还贷款越来越难，骗子可能会自愿替你还款，但要求借用一两年赎回权。一旦他得到赎回权，你的财产就以你的名义被出售，钱却被骗子存入他自己的腰包。

- **明目张胆的虚假电话**。谎称是美国国税局、联邦存款保险公司（FDIC）等官方机构和政府机构打来的电话，要求你提供个人信息。一旦你提供了个人信息，你的身份就会被盗用……

- **骗人的医疗保险处方药计划**。一些可恶的人专门瞄准残疾人，通过向他们要钱、核对账户信息等拖他们下水。

- **免费但虚假的在线投资时事通信**。这些通信声称他们独立研究自己发行的股票。他们散布错误信息或者宣扬无用信息，通过他们的推荐，抬高股票价格，然后再将自己所持股份售出以寻求利润。而你，落得"竹篮打水一场空"。

- **居家工作骗局**。你回复了一则声称为了评估公司的客服情况而提供现金的广告——通常来源是知名媒体。他们给你邮寄一张预付支票，让你存入自己的支票账户。然后，鼓励你自己开支票购买某件物品或某项服务，再把支票邮寄给一家著名公司。但是，支票被寄到了骗子的地址，骗子将这张支票兑现。更糟糕的是，你存入自己账户的支票是假的。如果你还不清楚的话，说得更直接些就是，你可能会因为这笔钱以及透支费用受到银行的处罚。

- **赝品**。许多售出的珠宝、艺术品和古董都是赝品。

如何避免财务欺诈。下面一些经验之谈可以避免你和家人受骗。

- 使用电脑时，不要点击不可信链接，不要回复金融机构或陌生人的电子邮件。直接打电话给发件人，通过电话检验电话号码。
- 家里所有电脑的杀毒软件、防火墙等保护软件要及时升级更新。
- 不要将网上查询密码设置成和在 ATM 机取款时的密码一样，定期更改密码，包括密码中的字母和数字。
- 不要和个人或没有经过全面考察的金融公司进行交易。在美国，可以通过合适的监管机构核查公司信息，通过商业促进局（Better Business Bureau）检查其被投诉情况，通过网络搜索引擎查询其顾客反馈情况。
- 不要在公用电脑上登录个人账户。
- 不要投资任何自己不懂的项目。
- 弄清你支付的对象是谁，调查其是否是存在的合法实体。
- 购买上等珠宝或者其他收藏品时，一定要从销售者那里得到详细的鉴定书，并保留你的付款凭证。
- 网上交易时，只使用常用的信用卡。如果在付款到期日还没有收到商品，拒绝付款。

防止家里老人受骗。如果你有父母、祖父母、其他亲戚或是好朋友，你可以帮助他们避免上当受骗。可悲的是，老年人总是欺诈案件的受害人。他们容易受骗，并且常常在上当后觉得尴尬而不向任何人抱怨。建议在购买贵重物品之前，你和老人仔细商讨，不管是投资还是其他事情，鼓励老人征求你的个人意见。老人只要告诉销售人员，自己在做决定之前必须和亲戚商量，就可以让他们落荒而逃。例如，我们家庭有"500 美元规定"。如果父母听别人的建议想要购买超过500 美元的物品，他们应该首先和成年子女商量一下。

　　采取预防措施和适当的怀疑，就可以使你和家人避免成为欺诈的受害者。

---

13 退休规划

在职业生涯中，你为理财所做的一切都应该指向同一个目标：舒舒服服地退休。这一章主要是一些关于如何能享受美好退休生活的重要策略和决定。

■ 如果你已经退休了，你肯定知道一个人并不是退休后就不用理财了。退休后和退休前唯一的区别就是你现在有更多的时间关注理财，这当然会使你受益匪浅。

■ 如果你已退休十多年，这一章可能就是最重要的一章，因为如果你还没有认真对待养老金计划，现在绝对是时候了。

■ 即使对你来说退休还是很久之后的事情，这一章也可以为你在理财道路上指出正确的方向。你也许还可以在父母快退休或是刚退休时给他们一些建议。总之，你希望他们可以过上富足的退休生活，这样你不仅不用再资助他们，而且他们还有可能会给你留下一些财产（尽管我建议他们不要这样）。

> ■
>
> 我已经得到了如果我在 4 点钟死去所需要的所有钱。
>
> ——亨利·扬曼（Henny Youngman）

你可以实现目标吗？ ——自我定位

不管你现在几岁，在你的年度计划中最重要的一项就是找到自己在财务方面所处的位置。许多免费网站可以为你做这道数学题。不要觉得自己的境况已经糟糕到束手无策的地步而放弃财务计划，实际情况并非如此。当然，你可能确实有些功课要做，否则，你很有可能经常失眠却仍不知道自己的位置。下面是准备可行计划的一些建议。

- 如果你还在工作。你可能想得到必要的信息，了解自己每年应该储蓄多少才能缩小现在的存款、投资与退休时目标之间的差距。如果你不喜欢目前的状况，试试推迟几年退休或者减少预期的生活开支。如果你无法达到应有的储蓄水平，不要烦恼，你完全可以在接下来的几年内达到这个储蓄水平。
- 如果你已经退休了。如果你想知道目前从养老金储蓄和投资中提取的金额是否足够，也需要制订计划。要想知道答案，你可以输入现在的取款率，电脑就会告诉你这些钱能维持多久。

关于退休计划的告诫。针对养老储蓄做出的计划，只是基于预期。这些计划的某些假设未必成立，通货膨胀、预期寿命，特别是投资收益都会和预期的有所不同。其他的不确定因素包括，从现在到退休之间储蓄的资金总额，以及退休后你的支出金额等。即使你已经退休，还是不大可能预测出 5 年或是 10 年后的消费金额。但是，尽管误差一定存在，制订计划总比什么都不做只是空想要好得多。下面是我认为重要的几个假设情况。

1. 通货膨胀率。假设为 3%，通货膨胀率有可能一直非常低，但你不应该因此就把理财前景押在这上面。如果你使用 3% ——实际平均通货膨胀率低于这个比率，那么很有可能在退休时你的资金状况比计划的要好，超额总比没达到好。

2. **寿命**。假设你能活到 95 岁，这个岁数在大多数人看来似乎挺高——的确很高。不管怎样，你很有可能活到 90 岁或者更长久。所以，虽然你可能并不在乎能否活到 90 岁，但最好在财务上做好活到 90 岁的计划。下面是我推荐的寿命预期。

- 如果你已经 40 岁。除非你的祖先能活到 95 岁，否则就假设你的寿命是 95 岁吧。如果你的祖先寿命很长，那就假设 100 岁吧。

- 如果你刚到或者不到 40 岁。人的寿命在不断延长（美国 1960 年平均寿命只有 64 岁），你应该明智点，假设寿命为 100 岁。

- 如果你已经超过 95 岁。首先，祝贺你。然后，再将预期寿命增加 10 岁并且努力超过这个预期。

3. **投资收益**。这是最冒险的预期，因为过高的投资收益预期可能导致大问题。我建议平均每年的投资预期收益率为 6% ~ 7%，当然希望你的实际收益率会比这更高，但是不要将你的退休生活押在预测收益率上。如果预期过高，你可能将来没有别的选择，而只能减少退休预算，或者比预期的多工作几年。

4. **退休消费预算**。这是一个难题，尤其如果你还有很久才退休，可能你退休后的开支只是现在生活开支的百分之几，为自己从现在开始到退休的这段时间发生的变动（比如今后子女不在身边，或是要偿还抵押贷款）做些调整吧。同样，预期生活开支时，将通货膨胀考虑在内。你离退休时间越近，就需要投入越多的精力来计算实际生活开支。

你可能不会采纳我建议的假设条件，比如提高投资收益率或者降低预期寿命，但是不要做太多的修改。我希望你对自己的财务前景保持乐观，但是不要让这种乐观蒙蔽你制订计划时的判断力。我希望你们将来出现在财务方面的意外都是好事。

保守的预测。在制订计划时，当遇到以下这些可能出现的情况，你可能需要对假设做些调整：（1）你不得不提前退休；（2）你的寿命比预期长；（3）通货膨胀率在升高；（4）你的投资收益率不如预期高。如果你发现在这些可怕的变动下也能处理得很好，那么你就会有一个美好的退休生活了。下表是你可能会考虑到的预测之间的比较。

	一般情况的预测	较差情况的预测
退休年龄	你的选择	早 5 年
寿命	95～100 岁	100～105 岁
通货膨胀率	3%	4%
投资收益率	6%～7%	4%～5%

> 如果你还在工作的话，准备退休后收入和支出预测表可以帮你决定需要做些什么来实现退休目标。如果你已经退休，预测则可以告诉你，你目前的消费水平是否合理。
>
> ■
>
> 退休的麻烦就是你再也不能请假。
>
> ——亚伯·勒莫斯（Abe Lemons）

实现提前退休

虽然在职人员，尤其是婴儿潮时代出生的人，倾向于推迟退休，但仍有许多人期望能提前退休。提前退休是有可能的，利用以下两种方法可以实现。

1. **捷径**。也许你正等着获得一笔横财，比如遗产，从而提前退休；或者你生来就有信托基金；还有一个方法就是嫁个或者娶个有钱人（对不起，我是指一个绝好的对象，一个你生命中的爱人，一个拥有的财产碰巧比一个小国的国民生产总值都多的人）——如果你已经结婚了，请不要考虑这种途径。
2. **老办法**。如果你很早就开始计划提前退休，那么应该攒到足够的钱才行。但是，就像下表证明的一样：越早准备越好。该表列出了在不同计划退休年龄退休，年退休收入为 5 万美元的人每年需要的储蓄额。可以看出，假如你想 50 岁退休，如果你25 岁开始计划，每年就需要 16 000 美元，根据你的财务状况和你对提前退休的热情程度的不同，这或许是容易做到的。如果想 35 岁再为梦想开始做准备，那么根据下表，每年的储蓄额很有可能超过 41 000 美元。从 45 岁开始储蓄的话，你最好在对冲基金公司有份工作，因为你每年需要的储蓄额高达 18 万美元。

如果下表说明提前退休并非易事，那么你可能会对这么一则建议感到高兴：只要推迟几年退休，就可以大大降低退休所需的储蓄额。

计划退休年龄	25 岁	35 岁	45 岁
50 岁	16 000	41 000	180 000
55 岁	10 000	24 000	72 000
60 岁	7 000	15 000	37 000
65 岁	4 000	9 000	21 000
70 岁	3 000	6 000	12 000

注：表中假设退休前的年收入相等，年投资收益率一直是 7%，退休后第一年年取
款额是 5 万美元（考虑通货膨胀，其后每年增长 3%），收入来源持续到 95 岁。

成功实现提前退休的秘密。决定何时退休会让你心潮澎湃，但你是否能接受提前退休是由你的资金储备决定的。以下是那些没有有钱父母、没有高收入、采用老办法的人所采取的策略。

- **关注代价。**大多数人没有良好的财务状况，所以他们在 50 岁的时候都无法决定 55 岁能否退休。而成功实现提前退休的人，则在几十年前就开始关注提前退休需要付出的代价了。

- **适度的生活方式——退休前和退休后。**要能提前退休，在退休前后就必须做些财务上的牺牲。高收入的在职人士，一般所做出的牺牲高达收入的 30%。适度的生活方式要保持到退休后，到那时你就已经习惯了。

- **敢于投资。**投资时，把警惕都抛在脑后吧。如果你持有的证券收益可以支撑你 50 年甚至更长时间，你就不能太保守。有些人期望工作更久，他们可能只需要股票投资 60% 的回报率就可以生活，而想提前退休的人应该考虑 75% 的回报率甚至更高。如果股票市场不配合，那么你得到的惩罚可能就是推迟几年退休。但是如果历史可以预言的话，以股票为主导的投资组

合可能能够帮你筹集提前退休所需的资金。

🪙 **退休后的兼职工作。**许多提前退休的人并没有完全退休。他们很高兴离开充满压力的全职工作，然后再找一个喜欢的压力小些的工作。这种工作一般可以让他们找回激情，同时又能为他们提供一些收入。我强烈建议那些计划提前退休的人，至少考虑一下"退休"后可能会得到的收入不菲的工作。这么做有两个优点：首先，离开全职工作后，即使较少的收入来源也可能对财务有惊人的正面影响；其次，有些人发现提前退休并不如想象中令人满意，然后他们回到工作岗位，这样至少他们退休后还有事情可忙，或者像在第 2 章里所说的，具备高需求的工作技能，他们就掌握主动权。

　　每个人都应该为提前退休做准备。你也许不想提前退休，但是为此做准备仍然很重要。在 65 岁以前退休的人当中，几乎有 40% 的人都是因为丢掉工作、健康、照顾家人或其他原因而不得已提前退休的。所以，不管你什么时候准备退休后的收支计划，想想看如果你必须比计划提前 5 年或 10 年退休，你应该处于什么位置。

　　如果你想提前退休，就采取成功实现提前退休的人的策略吧，并且开始为提前退休做准备。

■

　　退休真棒，什么都不做也不用担心将来的生活。

——吉恩·佩雷（Gene Perret）

退休后开支可能比想象中少

预测退休需要多少资金的那些读物让人恐慌，它们经常说这差不多需要你退休前收入的某个百分比数。大多数伪专家建议至少需要80%的工作收入，还有人甚至建议110%。是的，他们认为你需要比你工作时更多的收入才能在退休后好好生活。很有鼓舞性，是不是？不要理会这些"经验之谈"。每个人的境况是不同的，比如很多已经退休的人把平均30%的收入花在理发上。

一个重要的数字。预测退休后的生活开支是非常重要的，因为这个金额首先会决定你在退休前需要做些什么才能储备足够的资金支付这些开支。你可能会认为，现在就准备一份退休开支预算表为时尚早，但是，你离退休的时间越长，就有越多的时间来做些事情从而提早实现你的退休目标。换句话说，就是使你的计划收入和计划支出相平衡。如果你离退休只有10年左右的时间，你就应该花些精力对你退休后的支出做个非常精确的预测。

为什么小额储蓄也可能让你拥有美好的退休生活。以下可以帮你区分支出种类，这些种类在你退休后可能会减少，也很可能会增加。空格处是为了让你估算会减少或者会增加的支出。

在你退休后，可能减少或不再发生的支出

- **储蓄，包括养老金储蓄计划**。你可能会减少一大笔储蓄，包括你退休的养老金储蓄计划。根据你退休前储蓄金额的不同，这部分可能是你退休前收入的5%～20%。
  －_____美元
- **抵押贷款和其他住房成本**。退休时还清抵押贷款至少可以减少

你目前开支的 20%。如果你搬到成本较低的地区居住，你的住房成本也很有可能减少，与此同时其他许多你规划的退休预算的项目也都会减少。

－_____美元

- 💾 **贷款和信用卡账单**。如果你目前负债累累，但计划还清或至少减少还款压力，你可能会在退休后减少支出。

  －_____美元

- 💾 **工作开支**。停止和工作相关的着装、交通和饮食费用，会减少退休后的开支。如果你在退休后不需要每天都喝咖啡，那么你就可以享受更高质量的退休生活。

  －_____美元

- 💾 **和子女相关的费用**。如果现在孩子还住在家里，你可能有大笔开支，尤其是学费。这些支出会在你退休后消失，但是这可能很难实现。

  －_____美元

- 💾 **税费**。你的所得税费可能会减少，即使你还在同一个纳税级别，如果你的收入较低，你就会缴纳较低的所得税税费。同样，大多数人的社会保障和医疗保险的费用差不多是收入的 8%，也会在你没有工作收入后停止缴纳。想想看，缴纳了几十年的社会保险后，你终于可以得到回报了。

  －_____美元

退休后可能增加的支出

- 💾 **医疗保险和医疗护理**。根据一项关于退休支出的研究,健康护理费用是退休后唯一一项增加的预算项目,其他各个项目的支出都会下降。

+_____美元

- 娱乐和旅游。除非你是个隐士,不然娱乐和旅游支出很有可能比在职期间要高。

+_____美元

增加退休收入的方法

也许你就快退休了,但仍不满意自己的财务状况。或者虽然你预测的退休后收入看来还可以,但你不想只过普通的退休生活,而是想要一个更高质量的退休生活。也许你可以通过大幅度增加退休收入或是减少退休支出的办法来改善财务状况,但是这些不容易做到,所以退休前的深思熟虑就非常必要了。

减小住房面积

减小住房面积,换句话说就是,在你退休前后卖掉你的庄园去购买便宜的住房,或是租房。租房对于理财很有帮助,并且也是在生活方式方面更为理智的决定。减小住房面积,尤其是搬进新家,可以减少现有的麻烦和较大住房的打理时间。有些人想搬到不用疯狂赶时髦的地方,相反,也有许多人渴望从郊区搬到大城市去。

以下是减小住房面积在财务上的优点。

1. **债务减少**。消除或是减少可能会降低退休预算的抵押贷款,这样可以大大提高你退休后的生活水平。

2. **税务优惠**。美国政府给房屋出售者的奖励是资产所得税的大幅减免。可以说，出售住房时，你很有可能不需要缴纳任何联邦所得税。

3. **收入增加**。通过减小住房面积，你可以将资金周转出来进行投资，如果你理智地投资的话，退休后就可以拥有更多的收入。

4. **房屋开支减少**。减小住房面积，一般在房屋上的开支也随着降低，例如较低的财产税和设施费用。如果你将大房子改成更现代的小型公寓，那么打理方面的矛盾和开支就会减少很多。

总之，减小住房面积可以是一个本垒打，为你在理财上加分。如果你既减小住房面积又搬入费用更低的住所的话，还有可能产生两个本垒打。

搬入费用较低的住所

如果你住在费用很高的区域，搬入费用较低的住所可能会在财务上获得很多回报。例如，美国东北部和西海岸线的居民发现，如果搬到阳光地带（气候温和、适宜居住的美国西南部），生活成本至少会降低40%。退休后移居海外低消费国家则可以节省更多，这是一个正在增长的趋势。

但是，搬家也不是一件容易的事情，尤其是要搬到国外。你最喜欢的旅游景点在旅游旺季显得非常吸引人，但这并不是说，那里是一个一年四季都理想的定居地点。请记住，搬家从来都不容易。并且，随着年龄的增长，搬家对我们来说就更困难了，而且你不希望3个月后发现自己讨厌这个新地方吧。尽管有这么多的警告，可搬家还是可能在你的退休预算上创造奇迹。

推迟退休

21 世纪的一大趋势就是许多人在传统的退休年龄之后还想继续工作。当然，几代人以前，典型的适龄退休人士已经是一只脚踏进坟墓而另一只脚正踩在香蕉皮上了。但是，现在大不一样了，许多接近退休年龄的人还在享受工作带来的喜悦，并且身心状况都良好，所以，为什么要退休呢？继续工作可能有个人动机，但是我要告诉你们的是，推迟退休在财务上也有巨大的正面作用。下面的案例表明了将退休年龄从 62 岁推迟到 68 岁在财务上所获得的收益。请看看这个案例。

案例 ⇓

贝蒂 62 岁时，有 30 万美元的养老金储蓄。如果推迟退休，她的账户就可以每年增加 15 000 美元。下表总结了贝蒂如果 62 岁退休的状况，她可以有 31 000 美元的总收入，包括社会保险和养老金储蓄中的取款。但是，贝蒂喜欢她的工作，没有理由 62 岁就离开工作岗位。另一方面，贝蒂很聪明，如果必须提前退休，她也知道自己所处的状况。

推迟退休会给贝蒂带来收入的差别，这个差别令人欣喜。如果她 68 岁退休，而不是 62 岁，那她第一年的退休收入将从 31 000 美元增长到 57 000 美元，也就是增长了 84%。

贝蒂推迟退休的比较		
	如果贝蒂在以下年龄退休	
	62 岁	**68 岁**
社会保险	14 000 美元	23 000 美元
从养老金储蓄中的取款	17 000 美元	34 000 美元
第一年的退休收入	31 000 美元	57 000 美元
增长 84%！		

阶段性退休

　　阶段性退休也叫"过渡性退休"，不管在生活方式上还是在财务上都很有吸引力。阶段性退休是指在同一职位或是在新的职位上工作的时间逐步减少。许多职场人士不管怎样都很难想象在 65 岁时完全退休。工作时间递减的方式很有吸引力，如果你具备高需求职业技能，那么你就有很大机会可以按照自己的想法继续工作。

　　下表表明，如果你挣了足够的钱可以养活自己，不再向账户里存款，并且推迟领取社会保险和从养老金储蓄中取款，在财务上会发生的情况。为什么阶段性退休可以多这么多收入？有两个原因：首先，你的养老金储蓄在取款之前有更多的增长时间；其次，你多工作 1 年，就可以多 1 年为养老进行存款。同样，推迟领取社会保险，也能增加收入。

阶段性退休的好处		
推迟退休 1 年	推迟退休 3 年	推迟退休 5 年
社会保险收入会增加 6% ~ 8%	19% ~ 26%	36% ~ 44%
从养老金储蓄中的取款会增加 10%	25%	40%

> 　　你可以在退休前后，采取能够大大提高退休生活水平的任何一项措施。
>
> ■
>
> 　　退休，很高兴摆脱了激烈的竞争，但是你必须学会如何靠更少的奶酪生活。
>
> ——吉恩·佩雷

过早领取社会保险是错误的

什么时候开始领取社会保险是个复杂的决定，对于这个问题总存在完全对立的建议，占主导地位的观点好像是尽早领取。大多数专家支持这个观点，这是很糟糕的。然而，如果当地社会保障办公室的工作人员也这么认为的话，那才是更糟糕的。

但是，一个理应受到人们注意的事实是，对大多数人来说，在达到退休年龄前领取社会保险是不对的。在美国，"退休年龄"是65～67岁，根据个人的出生年份不同而不同。根据社会安全局的数据，差不多75%的人过早领取了社会保险，这说明许多人犯了错误。但在开始考虑什么时候领取社会保险时，我希望你至少可以参考一下我对这件事情的观点。我知道很多提前领取社会保险的人会对我的建议感到生气，请注意如果你过早领取社会保险，还不算是财务灾难。因为在财务方面愚蠢的错误中，这还不算是大错。以下的建议是为那些还没开始领取保险的人准备的，让他们尽量在后半生领到最多钱。

有3个年龄节点应该注意，另外还有一个年龄通常被忽视但可能对你来说是必要的。

1. **62岁**。根据美国社会安全局的数据，50%以上的工作人士在获得保障金资格的第一个月就开始领取保障金。下面列举了一有资格就开始领取保障金的理由。

    - 没有这些保障金，缺乏足够的个人财力（养老金计划投资、储蓄以及其他收入）来支撑生活，换句话说，你除了提前领取保障金，别无他法。
    - 你和你的配偶（如果有的话）有充分的理由认为，退休后不久你会去世。或许你需要更有说服力的理由，比如你的医生要求你提前缴付医疗账单。

- 你相信别人说的，社会保障制度很快就要取消了，所以如果延迟领取保障金，就永远也得不到了。如果你相信这个说法，就用第一张社会保障金支票来检测你的想法吧。

这些情况影响了许多有资格提前领取保障金的人士。你至少可以做得更好，等到了完全退休年龄后再开始领取。

2. **完全退休年龄**。在美国，如果你在 1942 年后出生，退休年龄就不再是 65 岁了；对于 1943—1954 年出生的人，退休年龄是 66 岁；而对于出生在 1960 年及以后的人，则是 67 岁。以下是等到完全退休年龄再领取社会保险的一些理由。

- 如果你希望一直工作到完全退休年龄，很有可能在那之前你还不够资格领取大部分或全部的社会保险。因为任何超过最低收入（目前是 13 000 美元左右/年）的工作，都会使你失去一些津贴。但是，完全退休年龄以后，工作收入就不会影响社会保险了。另一方面，不管在什么年龄，85%的社会保险都必须缴纳所得税。

- 假如你在完全退休年龄之前离开全职工作，且你在此期间挣的钱只是社会保险的一小部分的话，最好先等等再领取社会保险。

- 如果你已婚，并且夫妻双方一直以来的收入差距导致各自在社会保险上有巨大差异，那么一般情况下，有较高收入的一方推迟领取社会保险比较可取。这是因为，如果拥有较高收入的一方先去世，较低收入的一方则可以拥有较高收入一方的社会保险。

3. **70 岁**。等到 70 岁再领取社会保险似乎等得过久，尤其是如果你在完全退休年龄以后继续工作，不管你挣得多少，你的社会保险都不会减少。但是，至少有一种情况是值得等待的。

正如以上所述，如果较高收入的一方先去世，为了让较低收入的一方得到最大金额的社会保险，对于较高收入的一方来说，最好的办法就是等到 70 岁再开始领取社会保险，而较低收入的一方则在完全退休年龄后领取。这个策略实施的前提是，在等待社会保险的时间里有足够可用的储蓄。一般情况下，你不想动用养老金储蓄的一大笔资金，而只留一点用来应付不可预测的大笔支出或财务上的紧急情况。

4. **中间的某个年龄**。就像你的理财生活中的其他领域一样，何时领取社会保险的决定，并不是一个非此即彼的决定。在 62 ~ 70 岁，你每个月都推迟领取社会保险的话，你将在余生获得更高的收益。那么从 62 岁到完全退休年龄之间，每个月就可以增长 0.5%（每年增长 6%）；而从退休年龄到 70 岁，每个月增长达 0.67%（每年增长 8%）。

何时开始领取社会保险

提前领取的情况：

- 没有其他资产支撑生活。
- 预期可能在退休期间过早去世。

完全退休年龄时领取的情况：

- 你希望全职或者兼职工作到退休年龄。
- 已婚,夫妻二人之间的社会保险有很大差异,较高的一方应该至少推迟到完全退休年龄时再领取。

推迟领取的情况:

- 已婚,夫妻二人的保险有很大差异,但暂时不需要社会保险也能生活。这样的话,有较高社会保险的一方应该考虑完全退休年龄后再领取。

对大多数人来说,在完全退休年龄前领取社会保险不是一个明智的选择。

■

在 65 岁时退休真可笑,我 65 岁时还有青春痘呢。

——乔治·伯恩斯(Geogre Burns)

退休后在财务上应做的改变

人们一般都会认为,退休会使你的理财生活发生重大变化。其实变化也不是很大,但是有几个方面的变化是非常重要的。你在退休后资金上的灵活性大大降低。二十几岁时,你有很多时间弥补自己愚笨的理财决定,但是在退休后你没有几十年的时间来弥补重大的理财失误。举一个令人伤心的例子,美国股票市场从 2000 年开始连续 3 年急剧下跌,摧毁了许多恰好赶上 20 世纪技术股票繁荣时期的退休人士的财务安全。如果他们的资金没有集中在过热的股票市场,而是进行了很好的多元化投资，那么在那 3 年的股票熊市中，他们就可以节省一些资金，而不用去快餐店打工勉强糊口了。

以下是一些需要记住的重要事项。不要等到退休前一天才研究这些决定，你越提前考虑，效果越好。

- **投资**。进行明智投资是理所当然的事情，这就要求你在两种投资之间达到平衡：一种是为了支付账单等麻烦事而为收益投资，另一种是为了在这几十年（尽力吧，因为你的生活成本会持续增长的）能跟上通货膨胀而为增长投资。通货紧缩是不大可能的，在现实生活中也没有"通货稳定"这个词，它意味着一种"稳定不变"的成本。你肯定需要将养老金中的很大一部分用于投资，使其增长，但是也不要投资过多。另一方面，你也许是第一次投资。尽管去做吧，不要太迟了，以免又让自己成为技术股票交易时期的受害者。
- **从养老金储蓄中取款**。确定从养老金的投资中可以取出多少钱，这是非常理性的考虑，但这吓倒了所有的养老金计划者。当然，这是一个残酷的问题，因为在退休前几年提取的金额可能会影响以后的退休生活。在计划开始时，将从养老金和其他投资中的取款率设为 4%。一般情况下，按这个比率你不用担心会用完所有的资金，同时还可以跟上将来的通货膨胀。如果你非常担心把所有的钱都花完，或者你的投资非常保守，那么3% 这个比率可以让你很放心。你也可以将之提高到 5%，但是再高可能就过头了。
- **考虑反向抵押贷款**。对于那些大部分资产是房产的人来说，反向抵押贷款在退休后可以很容易获得。但是，这个决定最好迟点做出，不宜过早。

- **税务**。退休人士经常对纳税额感到意外和气恼。努力工作，为退休储蓄，接着退休，然后将储蓄中的一大笔交给政府。但是，还是有些策略可以帮助许多退休人士降低所得税。

- **医疗保险**。如果你已经觉得弄清楚医疗保险系统非常复杂，在退休时你肯定会很吃惊。一定要确保必要的医疗保险处于就医基本范围之内。

- **人寿保险**。退休是你再次检查已经购买的人寿保险的最佳时期，因为退休后你的需求会发生改变。

- **遗产规划**。在职期间准备的遗产规划（你已经准备了吗？）会使你保持稳定状态，但是有时候可能需要重新检查。尤其要注意你的授权书，因为如果你丧失能力后权利会转移。还有预先指示，因为这会在你丧失能力或是疾病晚期时，用于指导你的健康护理。你也许会问，为什么要注意这些呢？你已经不再年轻了，所以你可能比几十年前更需要这些文书。

- **住房和搬家**。快退休时，你也许想不到要搬家，但是应该想一想退休后你想住在哪儿，以及如果你决定就住在原处的话，是否值得将住房做些变动——开支降低点的住房或是容易打理的住房。如果你有孩子，我敢说，在你没有能力打理以及没有意识到需要搬出去的时候，他们肯定已经在想是否要帮你改善一下居住环境了。

- **为退休后要做的事做好计划**。这应该是一项愉快的工作，但是如果你已经为事业忙了几十年，你就应该预料到退休后会有一些担心，尤其是如果你在工作之外没有什么别的事情。如果你和配偶在不同的时间退休，那么请小心，因为专家认为，这会给你们之间的关系带来压力。对这些事情要保持敏感，特别是当你先退休的时候。

退休后在投资和理财规划方面，你可能不需要做很多变动，但是有几个重要的事项你必须处理。

退休就是某天你下班后回家说道："嗨，亲爱的，我回来了——永远回来了。"

——吉恩·佩雷

确保你永远不会没钱花

对于那些规划退休生活的人而言，尤其是那些已经退休的人，最害怕的事就是失去所有的收入来源。当然，在美国，尽管一些还未被广泛认可的观点认为，社会保障会因某种原因而取消，但目前社会保障会一直给个人提供收入。然而，对大多数人来说，这些只能支付基本生活费用。对于规划退休生活的大多数人和已经退休的人来说，主要有两个退休收入来源：社会保障金和自己的养老金储蓄。我对这两种来源的观点如下。

- 社会保障金。你也许认为自己对于社会保障金没有控制权，但我建议你仔细考虑领取社会保障金的最佳时间。推迟领取社会保障金可能使你的社会保障金增加 50% 以上。如果其他的收入来源跟不上通货膨胀，甚至远远落后，那么更高的社会保障收入可以起一定的保障作用。

- 养老金储蓄。养老金储蓄将是你退休后的主要收入来源。这主要是因为担心会用完所有其他的资金，而发生这种情况的可能原因包括以下情况。

- 活得太久。你可能比你的储蓄所能覆盖的时期活得更久。

- 过度取款。对很多退休人士来说，过度取款的习惯是一颗定时炸弹。

- 投资亏损。不管是因为糟糕的投资决策——你自己和投资顾问，还是糟糕的投资市场，养老金储蓄都会遭受损失。

- 重要支出。除了家庭健康护理或者疗养院等最让人担心的开支外，其他意外开支，例如资助孩子渡过难关或者住房的装修等，都会侵蚀（如果不是摧毁的话）养老金储蓄。

退休收入来源		
	生活收益？	收益随通货膨胀增长？
社会保险	是	是
养老金	是	也许是也许不是[1]
收入年金	是	视情况而定[2]
个人投资[3]	视情况而定	视情况而定

注：1. 咨询你的养老金计划专员，看看是否目前的养老金每年都会随通货膨胀而自动增长。

2. 你可能选取随通货膨胀率的增长而增长，而初始收益成本低得多的收入年金。随股票市场行情变化的年金，也可能会有增加的收益。

3. 个人投资能否终生拥有，能否为你带来足够的收入而跑赢通货膨胀，主要取决于投资收益、从投资中的取款率以及你的寿命。

你应该如何分配养老金储蓄

如何使用辛苦一生积攒的储蓄，值得认真考虑。是自己或者交给投资顾问进行投资，还是购买收入年金（也叫即期年金）？虽然收入年金有几种，但所有种类都需要在保险公司存钱，以保证未来生活的收入。

这是一个非常重要的决定，因为不管是什么目的，年金决定一旦做出就不能再更改。一旦你选择了一种年金，这种年金就会终身陪伴你。

以下是进行这个关键决定时需要考虑的主要事项。

1. **投资风险**。自己管理资金，将承担巨大压力，如果你的投资亏损，就没有回头路，只好暗自叫苦。如果你对自己（或者对于投资顾问）的投资能力信心十足，你也许可以更好地管理资金。另一方面，如果你退休后对自己的投资没什么好担心的，而是有更多有趣的事情要做，那么为什么不把这些压力转给年金公司呢？

2. **债务风险**。你自己管理的资金一般不会受到债务保护，如果投资收益不够，你可能需要用本金来缴纳主要的医疗（或其他）费用，包括家庭护理费。夫妻一方的疾病可能会使另一方缺乏资金而无法生活，所以这个问题是夫妻特别关心的问题。同样，你可能因为这段时间出现的任何问题被起诉，你会为律师费或者定居费用而花掉所有的或者很多养老金储蓄。通过年金所获得的收入，可能需要用来缴纳医疗或律师费用，但年金本身不会涉及罚款。保险可以为你提供保障，包括长期护理险等。

3. **通货膨胀风险**。你可以购买年金，年金的费用调整后抵消（至少部分抵消）了通货膨胀的影响，但许多人不买。由于生活费用不断增长，固定支出的年金的真实面貌就是购买力的持续丧失。另一方面，如果你自己管理资金，你就会有一个好的投资机会，这样可以赚到足够的收益，甚至跑赢通货膨胀率。

4. **预期收入**。一般年金带来的收益比你自己投资所赚的要少。原因是年金公司的预期支出可能会很保守，以确保其未来财务风险最小化。另一方面，年金领域的竞争非常激烈，所以找到最好的年金交易（由财力较强的保险公司提供），就可以缩小保险公司的付款额和自己可以挣到的收益之间的差距。

5. **长寿风险**。年金最大的优势就是，只要你还活着，保险公司就会坚持给你付款。如果你已婚，并且明智地选择了为你们夫妻两个人付款的年金，那么你也可以保护配偶。

6. **死亡风险**。大多数年金计划并不提供死后收益，你死后，大多数年金计划费用也会停收。所以在你去世时，就没有什么交给你的继承人了。如果你自己管理养老金，并且运气好，那么你就有机会给继承人留下一笔遗产。

在得出"没有办法做出正确的决定"这样的结论之前，我有两个建议。不要将"自己管理"和"年金"看成是非此即彼的选择，不是这样的，任何建议两者只能选其一的人都是想得到丰厚的佣金，而不是考虑如何为你实现利益最大化。购买年金在一般情况下是一个明智的决定，尤其是如果前面提到的自己管理的某个缺点让你非常恼怒的话。如果你决定购买年金，不应该将所有的钱都用来购买，也不应该一次就将你想要用来购买年金的资金都用完。我建议你在退休时，将一半的用于购买年金的资金拿来投资，然后等过几年再投资另一半。

14 从今天开始
享受美好生活

前面各章都是一个根本目的——帮助你实现并维护一生的财务安全。这是很明显的，对金钱保持认真的态度能为你带来一些额外收益。一旦你开始为更好的财务未来做准备时，你就可以掌控自己的生活，而这在以前是没有过的。即使要加入财务独立人士的行列，你还有很长的一段路要走，但是，一旦你开始有了进步，就会有一个全新的、更光明的前景。你可以首先将理财简单化，这样，你就可以将更多的时间花在享受美好生活等更重要的事情上。

简化你的理财生活

如果你想要享受光明的理财前景，就需要简化理财生活。总之，除非你梦想的美好生活是成为一名理财顾问，否则，你不应该把时间浪费在一些无聊且容易简化的事情上。以下是一些管理财务更有效的方法。

- 记好账。一份良好的账本是完全有效并且简单易用的。电脑在记账方面即使不起主要作用，也会是一个好帮手。但是，即使电脑玩家也仍然会需要一些书面记录。每个保持良好记录的账本都有以下 3 个主要组成部分。

  一个保管箱。保管箱主要用来存放重要的个人文书，这些文书丢失或毁坏后不可能或者很难找到替代品。为了避免到银行白跑一趟寻找根本不在那儿的东西，应确保做好保管箱内存放物品的记录。

一份放在家里的常用文件档案。这个档案记录了准备当年纳税申报所需要的个人文书以及其他重要信息。因为常用档案要求获取方便，所以这种档案应该放在易于寻找的地方。这种档案不需要有多花哨，用你办公室的几个办公文件夹装起来就可以。

一个放在家里的待用文件档案。这种档案主要是为了存放证明过去纳税申报的文书，还有少数其他东西也应该存放在这个档案中，包括发票、与家庭装修相关的注销支票以及证明资本收益和损失所需要的投资情况报表等。你也许还想将家庭健康档案、重大债务以及其他已履行的合同和义务证明等目前用不着但非常重要的文件都存放在这个档案中。

- **扔掉那些不需要的文书。**一旦你知道你永远也不可能当选总统，你就不再需要为了丰富自己的"总统图书馆"而收集个人文书了。你不需要连续多年保留收据、账单和银行结算单，通通扔了吧。如果你在上面记了社会保障号或账户号，你应该将这些文书撕碎，以免自己的身份被盗用。同样，请不要保留小学时期的成绩单等任何会使你在孩子面前尴尬的东西。我小学的时候，努力学习，我的父母经常高兴地在他们朋友面前炫耀我的成绩，更糟糕的是，后来他们在我未来的妻子面前炫耀。而我的老师给我的评语最终都被证实大错特错。我的成年生活并没有继续保持良好的成绩。

- **保留家庭财产清单。**如果你曾经亏过钱，并且想要拿回你应有的，那么一定要制作一份家庭财产清单，记录所有关于你们财产的识别信息以及各项财产的完整描述。家具、电器等照片会起很大作用，视频更好。不要出任何差错，即使制作家庭财产清单是你做过的最乏味的事情之一，把它放到某个下雨的星期六来做，但是不要等得太久。简化理财生活也许看来互相矛盾，但是想一想如果你某天下班回家，有人把你家里的东西都搬到了小卡车里，而你又不得不回忆自己都有些什么财产时，你的理财生活会变得多么复杂。顺便提一句，将你的清单、图片和视频保存在离家远一点的地方，比如银行保管箱或者办公室。同样，请记住及时增加新获财产的收据，时时更新你的财产清单。最后，你很有可能需要对珍贵的珠宝、银器等物品投保以保证安全。

- **整合你的账户。**

  信用卡账户。你很有可能只需要两张信用卡就能满足你的购物欲。你拥有的信用卡越多，就越难跟上结算进度，这样一来滥用信用卡的概率就越大。

  银行账户。如果你在几家不同的金融机构拥有几个账户，你可以大大简化理财，减少沟通和文书工作。也许通过减少与金融机构的接触，把精力集中在你的生意上，你可以获得更好的收益。

  投资账户。要在几年内开设很多不同的个人退休账户或经纪人账户非常容易。如果是这样的话，可以考虑将这些账户合并，这样也可能降低账户费用。你很可能不需要这么多的账户，尤其是在这种情况下——你在大型金融超市已经或者可以开设的账户。

- **网上购物。**网上购物既省时又省钱，你不用在某家商场（如果不是几家的话）的门前排队，这样就节约了时间。而通过在线比较（互联网通常是比较购物的有效工具），不仅可以买到便宜的商品，还可以节省去商场的车费。在找到自己想要商品的最低价之后，一定要检查零售商是否提供优惠券。

- **将投资自动化**。你的投资越自动化——频繁地从你的工资账户向养老金或投资账户转账，你就可以节约越多的时间，而你能积累的资金就越多。

- **网上银行**。我将最精彩的方法放在最后。你喜欢填写支票吗？你认为在银行排队很有趣吗？如果是，就不要再读下去了。如果不是，那么就加入使用网上银行的行列吧，很多人发现，第一次使用网上银行业务简直就和第一次拿到驾照一样开心。大多数银行和一些更小的金融机构，都提供广泛的网上银行业务。

资金提示 →　永远记住一些基本原则

虽然理财服务行业在不断宣传理财的复杂性，但是，请记住下列基本原则。

- 为了保证投资安全，你必须持续投资有价证券。
- 要持续投资有价证券，你必须养成定期储蓄的习惯。
- 为了定期储蓄，你的开支就必须比收入少。
- 要使开支比收入少，你必须学会知足。

最后一点非常重要，但是付诸实践非常困难。我们会想要一辆更酷的汽车，或进口厨具，或一次国外度假，又或者一套更大的房子。总之，广告商告诉我们，我们要快乐就必须拥有更多的东西。哎呀，邻居有的东西我没有，所以他们肯定会更快乐。这种想法真是荒唐！邻居也许有同样的感觉呢。如果你能为自己拥有的东西感到满足，你一定会发现通过理财来保证你的财务安全会容易得多。但是不要误会，我不是说你应该停止改善你目前的财务状况。你应该尽力在事业上取得进步（见第2章），存够资金（见第3章），并增加你的投资（见第6章和第7章）。

你应该一直有很高的职业热情和财务热情，但是同时也应该意识到，你可能已经拥有了许多东西。生命就是由一系列的选择组成，只要你认为你被剥夺了某些东西，你就会想得到更多。更多的东西并不能使你更快乐，却会使你的财务生活更有压力。

慢慢变富。暴富的概率是几百万分之一，泛滥的讲座和电视广告喜欢宣扬一夜暴富，从这些讲座和电视广告来看，很多人喜欢立竿见影的效果，但是我们都知道这种情况很少见。另一方面，如果你努力工作，做需要做的事情，在工作上不断取得进步，慢慢存钱，明智投资，定期解决重要的个人理财事项，那么你一定会慢慢变富。如果你对现在拥有的感到快乐，你就可以在以后享受更为富有的生活。

> 成功根本没有什么秘诀，不必浪费时间去寻找它。成功源于准备、努力工作、吸取失败教训、对雇主忠诚以及持之以恒。
>
> ——科林·鲍威尔将军（General Colin Powell）

每月半小时，保证财务安全

也许你从本书得出这样的结论：需要做很多事情才能保证良好的财务未来。但其实，只要你能坚持基本原则，维护你的计划应该不会浪费太多时间。事实上，你每个月花半小时就应该能整理好重要的财务事项。大多数理财计划相关事项可以1年处理1次，投资除外（投

资需要更频繁的检查)。如下图所示,持续投资和监控你的投资应该是
全部理财计划的关键。

投资是你理财计划的关键

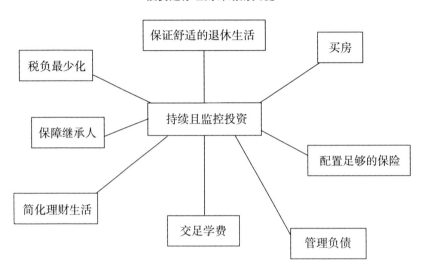

以下是需要每年考虑 1 次或 2 次的重要事项(注意,这些加起来
是每年需要做的 12 次评估)。

- ⊜ 评估你的投资多元化状况,确定是否需要调整。(每半年 1 次。)
- ⊜ 评估你的家庭账户中每个人的投资情况,以确定是否存在较糟
  糕的投资,如果存在,对其进行处理。(每半年 1 次。)
- ⊜ 检查是否有遗嘱以及足够的保险。
- ⊜ 计划削减所得税的办法。
- ⊜ 寻找改善记账和其他简化理财生活的方法。
- ⊜ 想办法避免增加负债,并且减少已有负债。
- ⊜ 不管你在工作还是已经退休,准备预期退休收入和支出计划。

- 向养老金计划增加缴款金额，以增加未来能获得的收入。
- 确定以后支付高价物品（住房、上大学或者新车）的方法。
- 检查实现理财目标所取得的进步，决定今后你准备采取什么不同的方法达到自己的目标。如果可以，让配偶也参与进来。

同样，如果有重大的家庭或财务状况的变化，应该查看所有可能会受到影响的方面。

解决所有这些问题应该只用半个小时就够了。或许你想投入更多的时间，分析得更精确，期望在某种程度上可以获利。有些人却投入过多，尤其是在投资领域，这经常会导致不好的结果。例如，也许你有同事或熟人每天检查其投资好几次，他们这样做可以得到什么？

资金提示 ➡ **绝不要小看常识的价值**

尽管理财服务行业的工作人员的热情让你觉得个人理财计划很复杂，但事实并非如此。你所需要的只是一些方法和一点时间。

成功的理财计划可以总结为两个字，那就是常识。如果你思考一下过去采取的不怎么重要的理财行动（大家不可能不犯这些错误），肯定会发现，你的资金灾难是由自己的常识错误所导致的。

比如，想一想你还是少年时父母可能对你说过的话，"为了一时的享乐，你也许会赔掉一生。"也许当时你认为他们是在讨论别的事情，实际上，他们就是在说信用卡贷款。父母就是在告诉我们：短期的金钱享受，比起刚开始的困境，换来的是更长久的不安。

本书介绍了许多常识，在你认真考虑理财前景时，下面这一句是你首先应该记住的：采取正确的理财行动需要的时间，比挽救任何错误的行动需要的时间要少。

> 一旦理财生活变得有条理，你只需要每月花半小时来检查，并且找出需要改善的地方。

为健康投资

你很有可能活到 100 岁，当然这在财务上有很多含义。活得越久，你需要的钱就越多。但是，你为长寿要准备的不只是慢慢存钱、明智投资和还清债务这个传统组合，你需要做更多。保持健康让你能够享受美好生活，并享受得更长久。

如果没有健康，财富有什么用？众所周知，如今的老人更富有、更健康，在婴儿潮时代出生的人达到退休年龄后，这种现象会更加明显。同样，现在的老人很少出现残疾，这表明生活质量大大提高，这种积极趋势也将继续。

总的来说，人类寿命变长，残疾率降低，总体上更健康。但是，每个人的情况有很大不同，你要想留住好机会，有些行动不仅可以降低过早死亡的可能性，同时还可以使你的生活更健康。为了保证可以享受几十年的财务安全，你在理财上一切都做得很好，结果却由于没有好好注意自己的健康而花光储蓄或者将储蓄都用在了可以预防的疾病上，这实在很可悲啊。

对健康状况的改善，从来不会太迟。即使过去你的健康习惯很不好，现在改变这些坏习惯仍然可以减少未来的麻烦，从而延长寿命。以下就是你需要做的。

- **饮食**。我们都知道，各种食物可以组成均衡的饮食。吃新鲜水果、蔬菜、各种谷类和适量的瘦肉，可以帮你更持久地保持身体健康，你可以向医生咨询最适合自己的食物。

- **锻炼和减压**。每周至少有几天适度进行 30 分钟的强度锻炼，可以在减压、改善外貌和保持健康方面产生明显效果。一定要将力量和灵活性锻炼结合起来。专家建议，人的年纪越大，就越应该进行更多的有氧和力量训练来提升机能。

- **体检**。你可以接受一些几年前还没出现的诊断检查。作为定期检查的一部分，筛查可以帮助你尽早检查出疾病和其他健康问题。实际上，诊断技术（包括基因检测）发展非常快，不需要很长时间就能够可靠地检测出什么原因会导致健康问题。以后的健康护理就可以集中在你可能发生的疾病方向。除非你并不在乎是否能提前发现这些问题，否则就经常利用先进的诊断工具吧。

- **保持头脑敏捷**。为了保持身体健康所做的许多运动，也可以促进心理健康。随着渐渐变老，我们最担心的事情之一就是大脑失去认知功能，许多人目睹他们的父母和其他老年亲戚失去了这个能力。神经心理学家提醒那些还有几十年时间来增强这个功能的人，让他们参加有认知挑战的活动。也就是说，锻炼大脑不经常使用的某些部分。如果想要更理想的效果，你应该参加有难度的新活动。学一种新语言或是一种乐器，有些东西年轻人比我们掌握得更快，这说明我们的思维不够敏捷。或者做猜字谜、拼字游戏，画油画等。在对这些都很擅长后，你就换学另一种。有研究证明，接受具有认知挑战的活动，可以延迟老年痴呆的发病时间，并且可以减缓痴呆的速度。

- **保持忙碌**。毫无疑问，我们比前几代人更忙碌了，这样可以维持我们的精神健康。忙碌的生活并不会在你退休时停止，在你有许多空闲时间的时候，回头看看工作的那段时间，如果你发现仍然充满渴望，那么你就知道退休后你要做些什么了。

- 🪙 **发展社交关系。** 和家人、朋友发展丰富并有意义的关系，生命中拥有家人和朋友有益于享受长寿且健康的生活。良好的关系可以增加你的生活乐趣，也会帮你更好地控制压力。保持良好精神状态的人，比那些冒失鬼活得更久。

- 🪙 **应对你爱人财务上的坏习惯。** 能够享受良好的健康状况的部分原因在于，你渐渐习惯了爱人的财务缺点。你可能一直对配偶的财务习惯有意见，我很早就得出一个结论：这样的财务争斗不可避免，因为爱花钱的人总是能吸引那些爱省钱的人，反之亦然。每个问题都有其明显的表现方式，例如，爱花钱的人相信购买打折的东西就是省钱，而爱省钱的人则痛恨任何一种消费，并且时常训斥爱花钱的人。但是，你越早投降并容忍你爱人恼人的财务习惯就越好。情侣和夫妻在财务上的认识不一致是很正常的，但是不要让这些不一致破坏了你们之间的关系。如果你生命中的爱人每次空手离开商场时都因为没有买到东西而懊恼，这也并不意味着他/她不值得你爱，当然你也并非宁愿生活贫困也不愿花一分钱。尽力解决问题吧，你们都很难改变自己恼人的财务习惯，所以接受这个事实吧。

■

保持身心健康可以使你更好地享受长久而充满成就感的生活，在这样的生活中，你可以很开心地花掉所有的钱。

利用最佳的理财机会

在认真对待自己的财务前景时，你期望达到的目标有很多。但是你和你的理财顾问必须在机会来临时保持警觉。

以下是关于提高你的财富能力的 10 条见解。

1. **多元化是投资成功的关键**。大家都知道，多元化非常重要，但是大多数人要么不知道如何实现多元化投资，要么对此不屑一顾。以前，你不需要多元化，因为之前资本市场投资品种还很少，然而现在不一样了。如果不能很好地调整自己的投资并且进入这些新的行业，你就只能获得普普通通的投资收益。

2. **尽管偶尔会出现低迷，股票市场仍会继续使投资者受益**。你应该将至少 10 年内用不着的大部分资金用来投资股票。尽管股票市场会偶尔出现几次持续几年的低迷，可它仍然是人们首选的长期投资途径。

3. **国外投资市场比美国股票市场更好**。现在很多国家迅速成为世界经济发展的引擎。你可以利用这种有优势的投资机会，同时对有海外运营机构的美国公司和外国公司进行投资。这些公司的投资回报都比美国国内公司的更为丰厚。

4. **通货膨胀会保持平缓**。较低的通货膨胀率和低利息率对股票投资者和贷款者都是非常有益的。既然公司在低通货膨胀率的情况下很难增值，投资者应该选择通过技术、收购等措施降低成本来提高利润的公司。也许你埋怨存款单中个人短期存款和资金市场账户的低利息率，但是对我们来说，低通货膨胀率和低利息率总比高利息率和高通货膨胀率要好。

5. **自动投资将成为主要方式**。指数基金和 ETF，尤其是目标基金和生活方式基金会很快改变个人的投资方式。目标基金和生活方式基金在单个基金中有更多的多元化投资和自动调整的优势。

6. **美国将继续改善养老金储蓄计划的税费激励措施。** 所以你可以期望养老金储蓄计划有更优惠的税收激励措施。也许将来退休人士的税务负担可能会被取消。

7. **理财服务业竞争激烈，客户将从中受益。** 更低的成本、更好的机会和更容易获得的即时信息，都使投资者、贷款者、存款者、购买保险者，甚至每个有理财生活的人受益。

8. **技术将改变你的理财方式。** 互联网不仅已成为获取理财信息的主要工具，而且降低了你管理投资和其他家庭理财事务的烦琐程度。网上银行业务逐渐消除了缴付账单和纳税申报的麻烦。

9. **临近退休人士享有前所未有的机会，推迟退休或者实行阶段退休。** 对退休的新态度将改变退休状况。雇主会很欢迎超过正常退休年龄而继续工作的人，不管这些人是由于财务需要还是不急于退休。

10. **更长寿更健康的生活，会为退休人士带来机遇和挑战。** 许多退休人士在退休后度过的岁月比在职时期更长。享受积极健康的退休生活固然美好，但是超长期的退休生活也会为退休老人和年轻一代的家庭成员带来挑战。21 世纪，中年人的父母和祖父母在某些方面需要依靠他们，这将成为普遍现象。

利用许多即将出现的投资机会和理财规划机会，将使你受益匪浅。

要比你表现的拥有更多，要比你知道的说得更少。

——威廉·莎士比亚（William Shakespeare）

理财，只为更好生活

大家都明白认真对待并且创造更美好的财务前景，有许多事情是不该做的，不该消费太多、不该投机、不该不买保险、不该过度贷款。理财计划中该做的事情也不少，该多存点钱、该多元化投资、该准备遗嘱。难怪有这么多人不想摊上理财和投资这个苦差事。但是，我最不想看到的就是，因为要处理众多理财任务，所以你情绪低落并逃避现实。因此，我给出的最后一个妙招就是纵情享受。你为了赚钱辛苦劳累，在理财生活中小心翼翼，所以你应该受到奖励。完全清苦的生活可能对有些人有好处，但对你和我没有。给自己和所爱的人一个安全的未来，我们所失去的已经够多了。

你喜欢什么？ 下面，我列出了一些最能让你开心的消费项目，空格处是为了让你填上自己喜欢的条目。总之，自我享受是社会的传统习惯。当然，理财规划中有一个挑战就是要控制自己的享受。

- 豪华的房子。
- 度假别墅。
- 昂贵的家具。
- 新款汽车。
- 异域度假。
- 漂亮的衣服和珠宝。
- _____。
- _____。

现在是认真考虑财务前景的大好时机，实现财务安全可能还需要一段时间，但是在你开始控制自己的财务平衡时，你可以在一路上收获许多奖励。如果你在理财生活中一直都过得很好，半路上做出必要的调整可以进一步提高你的理财能力。一定要回头参考本书前言列出的需要注意的那些重要事项。不必不知所措，相反，你应该选取计划表中 2~3 个事项，并在下一周全部解决。

祝你有一个美好的财务未来！

> 你可能需要做一些事情来改善自己的财务状况，但是不要让这些事情阻碍自我享受。
>
> ■
>
> 生命不应该是一次目的地为坟墓的旅行，不应该是一次为了安全到达坟墓时有一个健壮的、妥善保养的躯体的旅行，而应该是这样的奇妙之旅：在一阵狂飙过后猛然刹车，大嚼巧克力，喝着马提尼酒，筋疲力尽，大声叫道："哇！好棒的一次飙车！"